Ernst Probst

Der Höhlenlöwe

Ernst Probst

Der Höhlenlöwe

GRIN Verlag

Bibliografische Information der Deutschen Nationalbibliothek: Die Deutsche Bibliothek verzeichnet diese Publikation in der Deutschen Nationalbibliografie; detaillierte bibliografische Daten sind im Internet über http://dnb.d-nb.de/ abrufbar.

1. Auflage 2010
Copyright © 2010 GRIN Verlag GmbH
http://www.grin.com
Druck und Bindung: Books on Demand GmbH, Norderstedt Germany
ISBN 978-3-640-76998-8

Ernst Probst

DER HÖHLENLÖWE

Ernst Probst

DER HÖHLENLÖWE

*Meiner im Sternzeichen Löwe
geborenen
Tochter Sonja gewidmet*

Inhalt

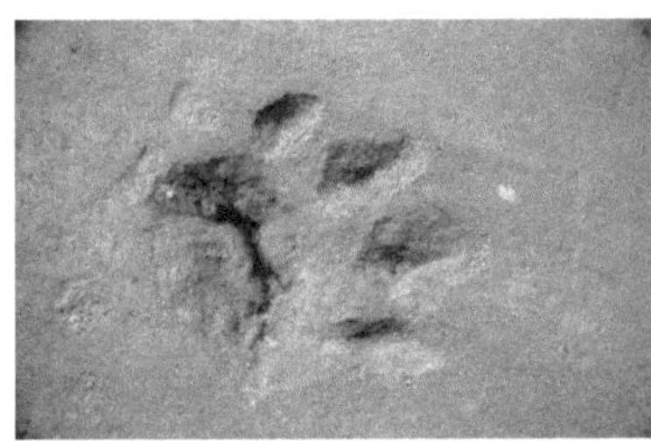

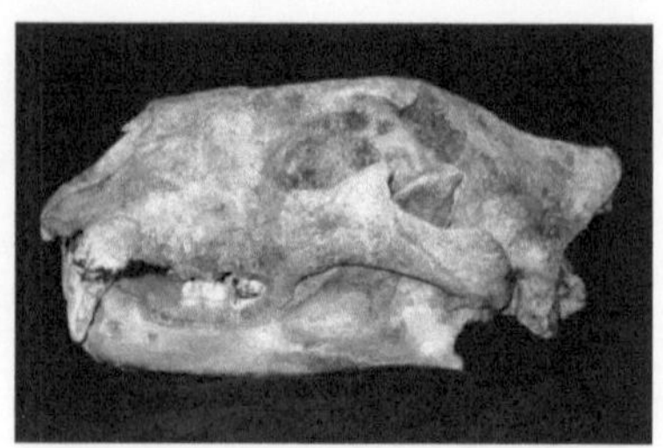

Dank

Für Auskünfte, kritische Durchsicht von Texten (Anmerkung:
etwaige Fehler gehen zu Lasten des Verfassers), mancherlei
Anregung, Diskussion und andere Arten der Hilfe danke ich:

Petra Berns, Bad Honnef

Michel Blant,
Institut suisse de spéléologie et de karstologie (ISSKA),
La Chaux-de-Fonds

Dr. Robert Darga,
Naturkunde- und Mammut-Museum Siegsdorf

Dr. Cajus G. Diedrich,
Paläontologe, PalaeoLogic, Halle/Westfalen

Thomas Engel,
geologischer Präparator, Naturhistorisches Museum Mainz /
Landessammlung für Naturkunde Rheinland-Pfalz

Fritz Geller-Grimm, Kurator, Museum Wiesbaden

Ulrich H. J. Heidtke, Niederkirchen (Pfalz)

Dr. Brigitte Hilpert,
Geozentrum Nordbayern, Fachgruppe PaläoUmwelt,
Erlangen

Markus Höneisen,
Kanton Schaffhausen, Kantonsarchäologie

Professor Dr. Ralf-Dietrich Kahlke,
Leiter der Forschungsstation für Quartärpaläontologie der
Senckenbergischen Naturforschenden Gesellschaft, Weimar

Dr. Thomas Keller,
Landesamt für Denkmalpflege Hessen,
Archäologische und Paläontologische Denkmalpflege,
Wiesbaden

Dr. Peter Lanser, LWL-Museum für Naturkunde,
Westfälisches Landesmuseum mit Planetarium, Münster

Dick Mol, Mammut-Experte,
Hoofddorp bei Amsterdam, Niederlande

o. Univ.Prof. Mag. Dr. Gernot Rabeder,
Institut für Paläontologie,Universität Wien

Thomas Rathgeber,
Staatliches Museum für Naturkunde Stuttgart

Klaus Reis, Deidesheim

Dr. Wilfried Rosendahl,
Reiss-Engelhorn-Museen Mannheim

Dr. Oliver Sandrock, Paläontologe
Hessisches Landesmuseum Darmstadt

Dr. Ulrich Schmölcke, Zoologisches Institut Haustierkunde,
Christian-Albrechts-Universität zu Kiel

Shuhei Tamura, Kanagawa, Japan

Silvan Thüring, Naturmuseum Solothurn

Martin Walders,
Museum für Ur- und Ortsgeschichte (Quadrat Bottrop)

Kurt Wehrberger,
stellvertretender Direktor,
Ulmer Museum, Archäologische Sammlung, Ulm

Dr. Stefan Wenzel,
Forschungsbereich Vulkanologie, Archäologie
und Technikgeschichte des
Römisch-Germanischen Zentralmuseums Mainz, Mayen

Älteste Löwenspuren Europas in Bottrop-Welheim

12

Der „König der Tiere"
im Eiszeitalter

Mit Schwanz bis zu 3,20 Meter lang, maximal 1,50 Meter hoch und schätzungsweise mehr als 300 Kilogramm schwer war der Europäische Höhlenlöwe *(Panthera leo spelaea)*. Dank dieser beeindruckenden Maße kann man diese Raubkatze aus dem Eiszeitalter vor etwa 300.000 bis 10.000 Jahren zweifellos als „König der Tiere" bezeichnen.Der Europäische Höhlenlöwe gilt neben dem Mammut *(Mammuthus primigenius)* und dem Höhlenbär *(Ursus spelaeus)* als eines der bekanntesten Tiere des Eiszeitalters. Er steht im Mittelpunkt des 144-seitigen Taschenbuches „Der Höhlenlöwe" des Wiesbadener Wissenschaftsautors Ernst Probst. Dabei handelt es sich um einen Auszug aus dem 332 Seiten umfassenden Werk „Höhlenlöwen", in dem auch der Mosbacher Löwe *(Panthera leo fossilis)*, aus dem der Europäische Höhlenlöwe hervorging, sowie der Amerikanische Höhlenlöwe *(Panthera leo atrox)* und der Ostsibirische Höhlenlöwe *(Panthera leo vereshchagini)* vorgestellt wer-den. Aus der Feder von Ernst Probst stammen unter anderem die Taschenbücher „Deutschland im Eiszeitalter", „Der Mosbacher Löwe. Die riesige Raubkatze aus Wiesbaden", „Der Höhlenbär", „Säbelzahnkatzen. Von Machairodus bis zu Smilodon" und „Säbelzahntiger am Ur-Rhein. Machairodus und Paramachairodus".

Der Arzt und Naturforscher Georg August Goldfuß (1782–1848) beschrieb 1810 den Höhlenlöwen (Panthera leo spelaea) anhand eines Schädelfundes aus der Zoolithenhöhle von Burggaillenreuth bei Muggendorf in der Fränkischen Schweiz.

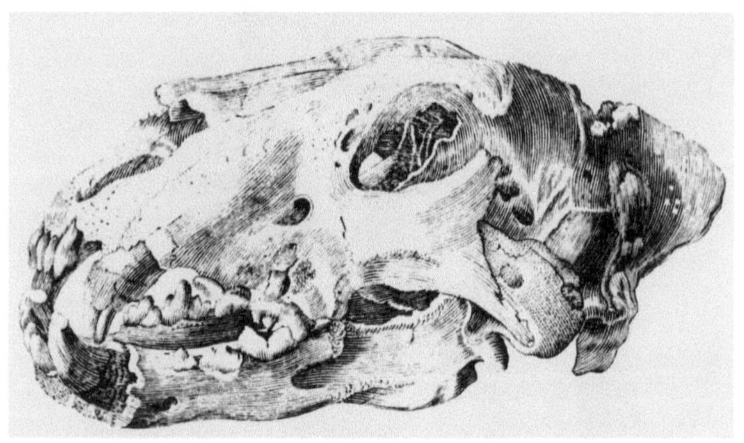

Zeichnung des Originalfundes aus der Zoolithenhöhle von Burggaillenreuth bei Muggendorf in der Fränkischen Schweiz (Bayern), nach dem der Europäische Höhlenlöwe (Panthera leo spelaea) 1810 erstmals beschrieben worden ist. Dieser so genannte Holotyp wird im Museum für Naturkunde Berlin der Humboldt-Universität aufbewahrt.

Der Europäische Höhlenlöwe
Panthera leo spelaea

Die Löwen aus dem Eiszeitalter vor etwa 300.000 Jahren bis zu dessen Ende vor etwa 10.700 Jahren werden in Europa als Höhlenlöwen (*Panthera leo spelaea*) bezeichnet. Sie sind aus den riesigen Mosbacher Löwen (*Panthera leo fossilis*) hervorgegangen,die nach etwa 600.000 Jahre alten Funden aus dem ehemaligen Dorf Mosbach bei Wiesbaden benannt sind. Diese Mosbacher Löwen gelten mit einer Gesamtlänge bis zu 3,60 Metern als die größten Löwen Europas..

Der Arzt und Naturforscher Georg August Goldfuß (1782–1848) hat 1810, als er noch in Erlangen arbeitete, den Höhlenlöwen anhand eines Schädelfundes aus der Zoolithenhöhle im Wiesenttal von Burggaillenreuth bei Muggendorf in der Fränkischen Schweiz erstmals wissenschaftlich beschrieben. Goldfuß war ein besonders tüchtiger Gelehrter: Ihm ist die Entdeckung von etwa 200 Fossilien aus verschiedenen Fundstellen und Zeitaltern geglückt, die er wissenschaftlich untersuchte und publizierte.

Noch heute ist der so genannte Holotyp, nach dem der Europäische Höhlenlöwe (*Panthera leo spelaea*) erstmals beschrieben worden ist, im Museum für Naturkunde Berlin der Humboldt-Universität vorhanden. Nach Erkenntnissen des Paläontologen Cajus G. Diedrich aus Halle/Westfalen handelt es sich dabei um den recht großen Schädel eines erwachsenen männlichen Höhlenlöwen. Der 40,2 Zentimeter lange Schädel stammt aus der Würm-Eiszeit (etwa 115.000 bis 11.700 Jahre).

Der Holotyp des Höhlenlöwen aus der Zoolithenhöhle wurde aus Teilen von mindestens zwei Tieren zusammengesetzt, fand Diedrich heraus. So ist der linke Oberkieferast rund drei Zenti-

Erforscher von Höhlen in der Fränkischen Schweiz: Pfarrer Johann Friedrich Esper (1732–1781) aus Uttenreuth bei Erlangen (oben), Paläontologin Brigitte Hilpert vom Geozentrum Nordbayern, Fachgruppe PaläoUmwelt, in Erlangen (unten)

meter kürzer und auch, was seine Proportionen anbetrifft, merklich schlanker als der rechte. Offenbar stammt der rechte Oberkieferast mit einem großen Eckzahn von einem Männchen, der linke dagegen von einem Weibchen.

Die Zoolithenhöhle wurde durch Unmengen fossiler Tierknochen berühmt. Dort fand man Reste von schätzungsweise etwa 800 Höhlenbären (*Ursus spelaeus*), aber auch zahlreichen Höhlenhyänen (*Crocuta crocuta spelaea*) und ungewöhnlich vielen Höhlenlöwen. Dieser Fundreichtum bewog den evangelischen Pfarrer Johann Friedrich Esper (1732–1781) aus Uttenreuth bei Erlangen, der 1771 seine erste Erkundungsreise in die geheimnisvolle Unterwelt unternommen hatte, die Höhle als „Kirchhof unter der Erde" zu bezeichnen.

Zur Zeit von Pfarrer Esper wurden in der Zoolithenhöhle erstaunlich viele Reste von Höhlenlöwen geborgen. Nach Angaben der Paläontologin Brigitte Hilpert vom Geozentrum Nordbayern, Fachgruppe PaläoUmwelt, in Erlangen hat man dort Fossilien von rund 25 Höhlenlöwen gefunden. Bei Grabungen ab 1971 kamen noch einige Schädel-, Kiefer- und Skelettreste dazu. Nirgendwo in der Welt sind mehr Höhlenlöwen entdeckt worden als in der Zoolithenhöhle!

Während bei den Mosbacher Löwen nie bezweifelt wurde, dass es sich um Überreste von Löwen handelt, hielt man anfangs die Höhlenlöwen aus dem Oberpleistozän (etwa 127.000 bis 11.700 Jahre) oft für Tiger und nannte sie „Höhlentiger". Dies lag daran, dass die Höhlenlöwen in dem einen oder anderen Merkmal dem Erscheinungsbild von Tigern ähnelten. Noch immer befinden sich in vielen Museen der Welt fehlbestimmte fossile „Tiger". Inzwischen kennen aber erfahrene Zoologen am Schädelknochen unter anderem einige sogar mit den Fingern ertastbare Nervenlöcher und Muskelansätze, die optisch nicht so sehr ins Gewicht fallen, an denen sich aber Löwe und Tiger sicher unterscheiden lassen.

2004 gelang es einem deutschen Forscherteam um den Geoarchäologen Wilfried Rosendahl (Mannheim), den Biologen

Der Paläontologe Cajus G. Diedrich aus Halle/Westfalen hat in vielen deutschen Museen fossile Reste von Höhlenhyänen (Crocuta crocuta spelaea) und Höhlenlöwen (Panthera leo spelaea) aus dem Eiszeitalter wissenschaftlich untersucht und beschrieben. Weil die Höhlenlöwen nachweislich keine Höhlen als Lebens- oder Geburtsort nutzten, bezeichnet er sie als „eiszeitliche Löwen" oder „spätpleistozäne Steppenlöwen".

Joachim Burger (Mainz) und den Zoologen Helmut Hemmer (Mainz), durch einen DNA-Test den Höhlenlöwen eindeutig als Unterart der Art *Panthera leo* zu identifizieren. Damit wurde ein seit der Erstbeschreibung von 1810 durch Goldfuß bestehender Streit endgültig entschieden, ob es sich bei den Fossilien um Reste eines Löwen oder eines Tigers handelt. Für diese aufsehenerregende Erbgutanalyse (DNA-Test) hatte man Höhlenlöwenfossilien aus Siegsdorf in Bayern (etwa 47.000 Jahre alt) und aus der Tischoferhöhle bei Kufstein in Tirol (etwa 31.000 Jahre alt) verwendet. Die Analyse belegte auch, dass der Höhlenlöwe keinerlei Beziehungen zu Löwen aus der Gegenwart aufweist.

Heute geht man davon aus, dass die eiszeitlichen Löwen des Nordens einen eigenen Rassekreis bilden, dem die Löwen Afrikas und Südasiens gegenüberstehen. Zur so genannten spelaea-Gruppe gehören der Mosbacher Löwe (*Panthera leo fossilis*), der Europäische Höhlenlöwe (*Panthera leo spelaea*), der Beringia-Höhlenlöwe bzw. Ostsibirische Höhlenlöwe (*Panthera leo vereshchagini*) und der Amerikanische Höhlenlöwe bzw. Amerikanische Löwe (*Panthera leo atrox*). Diese beiden Rassekreise sollen sich vor etwa 600.000 Jahren auseinanderentwickelt haben. Der Amerikanische Höhlenlöwe wurde früher gelegentlich für eine eigenständige Art gehalten und teilweise als Riesenjaguar betrachtet. Nach neueren Erkenntnissen war er sicherlich keine eigene Art, sondern wie der Höhlenlöwe eine Unterart des heutigen Löwen (*Panthera leo*).

Die Höhlenlöwen verdanken ihren falschen Namen dem Umstand, dass ihre Knochenreste häufig in Höhlen entdeckt wurden. In Wirklichkeit waren die Löwen aber Tiere der Steppe, der Busch- und Waldtundra und in Gebieten mit Höhlen genauso verbreitet wie in Landschaften ohne Höhlen. Weil die Höhlenlöwen nachweislich keine Höhlen als Lebens- oder Geburtsort nutzten, bezeichnet der deutsche Paläontologe Cajus G. Diedrich sie als „eiszeitliche Löwen" oder „spätpleistozäne Steppenlöwen".

*Der Wiener Paläontologe Gernot Rabeder
erklärt das Vorkommen
von Höhlenbären und Höhlenlöwen
in einer Höhe bis zu 2800 Metern damit,
dass es in der Zeit
zwischen etwa 55.000 und 40.000 Jahren
wesentlich wärmer war als heute.*

Anders als Höhlenbären und Höhlenhyänen haben Höhlenlöwen vermutlich nur selten Höhlen als Versteck aufgesucht. Wahrscheinlich kamen vor allem geschwächte, kranke oder alte Höhlenlöwen in solche natürlichen Unterschlüpfe und suchten dort Schutz oder einen ruhigen Platz zum Sterben. Womöglich dienten Höhlen auch als Unterschlupf für Löwinnen, die dort ihren Nachwuchs zur Welt brachten und in der ersten Zeit aufzogen.

Sogar in hoch gelegenen alpinen Höhlen von Italien, Österreich und der Schweiz hat man Reste von Höhlenlöwen entdeckt. An erster Stelle ist hier die in etwa 2800 Meter Höhe liegende Conturineshöhle in Südtirol (Italien) zu nennen. In rund 2000 Meter Höhe befinden sich die Eingänge zur Salzofenhöhle bei Grundlsee im österreichischen Bundesland Steiermark. Der Haupteingang zur Ramesch-Knochenhöhle in Oberösterreich beginnt in ungefähr 1960 Meter Höhe. Die Höhle Wildkirchli im Ebenalpstock des Säntisgebirges im schweizerischen Kanton Appenzell erstreckt sich in ca. 1500 Meter Höhe. In jeder dieser Höhlen ist der Höhlenlöwe eindeutig durch Funde belegt.

„Das Vorkommen von Höhlenbären und Höhlenlöwen in einer Höhe von 2800 Metern lässt sich nur so erklären, dass es in der Zeit zwischen etwa 55.000 und 40.000 Jahren wesentlich wärmer war als heute. Wir nennen diese Zeit Mittelwürm-Warmzeit oder Ramesch-Warmzeit, weil sie bei der Grabung in der Rameschhöhle zum ersten Mal erkannt worden ist“, sagt der Wiener Paläontologe Gernot Rabeder. Seine Meinung über das „warme Mittelwürm“ wird aber von manchen Quartärgeologen, besonders aus dem norddeutschen Raum, nicht geteilt. Denn die globale Eiskurve zeigt für diese Zeit mehr Eis an als für heute. Rabeder geht dieser Frage in einem bereits begonnenen Projekt nach. Höhlenbärenreste aus jetzt vegetationslosen Alpengebieten, wie beispielsweise am Dachstein (Schreiberwandhöhle), im Steinernen Meer und im Toten Gebirge stammen ebenfalls aus dieser Zeit. Hinweise für ein warmes Klima im

Heutige Hyäne im Leipziger Zoo, fotografiert von Suzanne Hein-Hoffmann aus Frankfurt am Main. Zu den Beutetieren eiszeitlicher Hyänen gehörten auch Höhlenlöwen.

Mittelwürm gibt es auch an Lössfundstellen im Flachland wie Willendorf in der Wachau.

Teilweise sind Höhlenlöwen wohl durch Höhlenhyänen, denen sie zum Opfer gefallen waren, in Höhlen verschleppt worden. Die bis zu etwa 1,50 Meter langen und rund 0,90 Meter hohen Höhlenhyänen ernährten sich nicht nur von Aas, sondern waren wegen ihrer Körpergröße und Kraft auch fähig, im Rudel zu jagen. Sie fraßen nicht alles vor Ort, sondern schleppten Fleisch- und Knochenteile zu einem geschützten Fressplatz, der auch in einer Höhle liegen konnte. Dort bissen sie in Ruhe die Knochen auf, um so an das begehrte energiereiche Knochenmark zu gelangen.

Besonders häufig entdeckte man Reste von Höhlenhyänen in so genannten Hyänenhorsten, die sich in Höhlen befanden. Dort brachten sie offenbar über Generationen hinweg ihren Nachwuchs zur Welt und schleppten ihre Beutetiere ein. Hyänenhorste kennt man aus England, Frankreich, Deutschland und der Schweiz.

Ein solcher Hyänenhorst war die Zoolithenhöhle in der Fränkischen Schweiz. Aus ihr stammt auch jener Schädel, anhand dessen 1823 Georg August Goldfuß erstmals die Höhlenhyäne beschrieb und jener Schädel, anhand dessen 1794 der Chirurg Johann Christian Rosenmüller (1771–1820) aus Erlangen erstmals den Höhlenbären beschrieb. Der Holotyp der Höhlenhyäne befindet sich noch heute im Goldfuß-Museum Bonn.

Als Beutetiere der Höhlenlöwen gelten Wildpferde (Przewalski-Pferde), Steppenbisons, Saiga-Antilopen, Rot- und Riesenhirsche, Rentiere, Rehe und kleine Säugetiere. Auch Jungtiere von Mammuten und Fellnashörnern waren vor ihnen nicht sicher. Vermutlich mussten sogar menschliche Jäger und Sammler, die ihnen begegneten, trotz ihrer Waffen (Lanzen und Speere) auf der Hut sein. Pfeil und Bogen wurden wahrscheinlich erst vor mehr als 20.000 Jahren erfunden.

Die eiszeitlichen Höhlenlöwen lebten sicherlich in Rudeln, zu denen vielleicht – ähnlich wie bei heutigen Löwen – ein bis

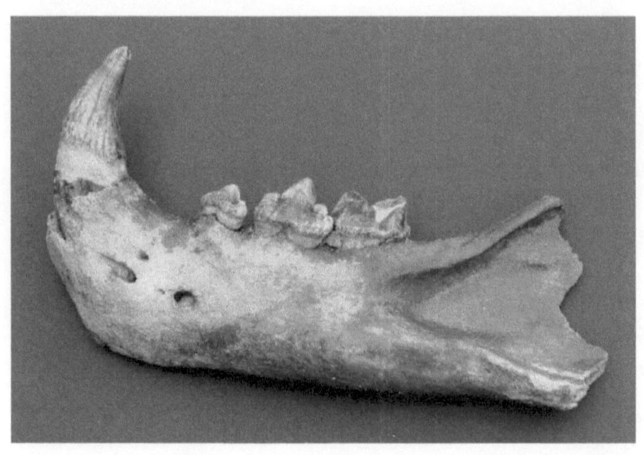

Unterkiefer eines Höhlenlöwen vom Grund der Nordsee (oben), die in der letzten Eiszeit teilweise Festland („Nordseeland") war. Original in der Sammlung Klaas Post, Urk. – Mammut-Experte Dick Mol (Mitte) aus Hoofdorp (Niederlande) mit Fossil aus der Nordsee (unten).

sechs Männchen und vier bis zwölf Weibchen gehörten. Wie in der Gegenwart dürften auch im Eiszeitalter nur die Löwinnen gemeinsam und überwiegend in der Nacht auf die Jagd gegangen sein und das Rudel mit Beute versorgt haben. Beim Fressen hatten die größeren Löwenmännchen Vorrang vor den kleineren Weibchen.

Höhlenlöwen fraßen nur das Fleisch von Beutetieren und nicht deren Knochen. Anders als Höhlenhyänen besaßen sie keine zur Verwertung von Knochen geeigneten Zähne. Aus diesem Grund blieb von ihrer Mahlzeit immer viel für Aasfresser übrig.

Dass die Höhlenlöwen nicht nur Jäger, sondern manchmal auch Gejagte waren, belegt vielleicht das Hinterhaupt einer solchen Raubkatze, das in Kiesablagerungen der Lippe bei Haltern in Nordrhein-Westfalen entdeckt wurde. Eine kleine Knochenwucherung im Bereich des Scheitelkammes dieses Höhlenlöwen könnte nämlich von einer teilverheilten Bissverletzung stammen.

Zum riesigen Verbreitungsgebiet der Europäischen Höhlenlöwen gehörten Europa und Nordasien. In Deutschland müssen sie vor allem im Oberpleistozän (vor etwa 127.000 bis 11.700 Jahren) sehr zahlreich gewesen sein. Darauf deuten viele Funde aus Norddeutschland, dem Ruhrgebiet, Westfalen, Rheinhessen, dem Taunus, der Fränkischen Schweiz, dem Harz, aus Thüringen und Sachsen hin. Sie belegen, dass diese Raubkatzen in ganz Deutschland weit verbreitet waren. Allerdings traten Höhlenlöwen nie in so großen Mengen auf wie Höhlenbären.

Auch in Frankreich, Italien, Belgien, den Niederlanden, England, der Schweiz, Österreich, Tschechien und Osteuropa stellten Höhlenlöwen keine Seltenheit dar. Sie waren von Spanien bis nach Russland (Ural) weit verbreitet. Früher hieß es in der Fachliteratur, in Skandinavien habe es keine Höhlenlöwen gegeben. Doch 1994 erwähnte der Weimarer Paläontologe Ralf-Dietrich Kahlke einen Höhlenlöwenfund aus Südschweden.

Sogar auf dem Grund der Nordsee vor den Küsten der Niederlande und Englands hat man Fossilien von Höhlenlöwen entdeckt. Die Nordsee war in der letzten Eiszeit teilweise Festland („Nordseeland") gewesen. Etwa zehn Kilometer vor der Küste bei Den Haag (Niederlande) schaufeln Schwimmbagger, die in der seichten See eine Fahrrinne offen halten, Fossilien vom Mammut, Fellnashorn, Riesenhirsch, der Säbelzahnkatze und vom Höhlenlöwen frei. Oft holen niederländische Fischkutter mit ihren Netzen auch Zähne und Knochen eiszeitlicher Säugetiere vom Nordseegrund.

Die Größenangaben für Europäische Höhlenlöwen in der Literatur differieren stark. Für die Kopfrumpflänge reichen die Maße von etwa 1,45 bis 2,20 Meter, wozu noch der schätzungsweise etwa einen Meter lange Schwanz kommt, für die Schulterhöhe von 0,90 bis 1,50 Meter. Das Gewicht männlicher Höhlenlöwen wird auf mehr als 300 Kilogramm geschätzt.

Heutige männliche Löwen bringen es auf bis zu etwa 1,90 Meter Kopfrumpflänge, wozu noch der bis zu 0,90 Meter lange Meter lange Schwanz kommt, und eine Schulterhöhe von etwa 1 Meter. Das Gewicht der Löwenmännchen beträgt bis zu rund 190 Kilogramm.

Bei diesen erheblichen Maßunterschieden zwischen Höhlenlöwen und heutigen Löwen muss man eines bedenken: Säugetiere der gleichen Art werden zu den Kältegebieten hin größer. Denn große Körper haben eine verhältnismäßig kleinere wärmeabstrahlende Oberfläche als kleine Körper.

Nach Funden fossiler Skelettreste zu urteilen, dürften Höhlenlöwen mindestens etwa 5 bis 10 Prozent größer gewesen sein als heutige Löwen. Einige Autoren meinen, die Maße der Höhlenlöwen hätten sogar um ein Fünftel (Cajus G. Diedrich), Viertel (Helmut Hemmer), ein Drittel (Othenio Abel) oder die Hälfte (Internet) die von gegenwärtigen Löwen übertroffen.

Der deutsche Paläontologe Cajus G. Diedrich vermutet, dass die größten Höhlenlöwen Deutschlands in der Saale-Eiszeit (etwa 300.000 bis 127.000 Jahre) lebten. Die in der Eem-Warm-

zeit (etwa 127.000 bis 115.000 Jahre) und in der Würm-Eiszeit
bzw. Weichsel-Eiszeit (etwa 115.000 bis 11.700 Jahre) existie-
renden Höhlenlöwen hätten deren Größe nicht mehr erreicht.
Aus einem klimatisch günstigen Abschnitt der norddeutschen
Saale-Eiszeit stammen die Reste eines Höhlenlöwen-Skeletts
aus dem Braunkohlen-Tagebau Neumark-Nord bei Frankleben
im Geiseltal unweit von Merseburg in Sachsen-Anhalt. Das Skelett lag in der sandigen Uferzone eines Sees, wurde am 25. Juli
1996 von einem Bagger erfasst und von Peter Günther und einigen Arbeitern geborgen.
Nach Erkenntnissen des Berliner Paläontologen Karlheinz Fischer gehören die in Neumark-Nord verstreut vorgefundenen
Knochen alle zu ein und demselben Skelett. Der Schädel des
Höhlenlöwen war vom Bagger zertrümmert worden. Eine am
rechten Oberkiefer sichtbare Knochenfraktur stammt aus jüngeren Jahren der Raubkatze und ist verheilt. Die geringe Größe
der Kiefer könnte auf eine Höhlenlöwin hindeuten.
Der Höhlenlöwe von Neumark-Nord besaß kurze Backenzahn-
reihen, aber kräftige Reisszähne, wie sie bei modernen Löwen
ausgebildet sind, erkannte Fischer. Außer einigen Schädelknochen fehlen auch größere Partien der Wirbelsäule, das Becken
sowie Lenden- und Schwanzwirbel.
Das Höhlenlöwen-Skelett lag inmitten von zusammenhängen-
den Skelettresten von Waldelefanten. Zwischen den Skelettresten des Löwen befanden sich Fossilien vom Damhirsch und
ein Element des Zungenbeinapparates eines Raubtieres. In Neumark-Nord sind bereits vorher einzelne Reste von Höhlenlöwen
entdeckt worden. Das Höhlenlöwen-Skelett aus Neumark-Nord
ist im Landesmuseum für Vorgeschichte in Halle/Saale zu sehen.
In die Eem-Warmzeit werden bestimmte Höhlenlöwen-Reste
aus Baden-Württemberg (Gutenberg-Höhle bei Lenningen im
Kreis Esslingen, Travertin-Steinbruch in Stuttgart-Untertürkheim), Niedersachsen (Einhornhöhle von Herzberg-Scharzfeld
im Kreis Osterode), Thüringen (Burgtonna im Kreis Gotha, Wei-

Rekonstruktion des 1975 bei Siegsdorf (Kreis Traunstein) in Oberbayern entdeckten Höhlenlöwen im Naturkunde- und Mammut-Museum Siegsdorf

mar-Ehringsdorf, Weimar-Taubach) und Sachsen (Wiedemar-Rabutz) datiert.

Größere Teile von Höhlenlöwen-Skeletten aus der Eem-Warmzeit kamen im Travertin-Steinbruch Biedermann in Stuttgart-Untertürkheim ans Tageslicht. Im „Baumstammschlot S1" im Unteren Travertin befanden sich Teile des Schädels, des Unterkiefers, Zähne und ein Schwanzwirbel eines jungen Höhlenlöwen. Im „Baumstammschlot S2" – ebenfalls im Unteren Travertin – lagen Teile des Beckens und ein Fersenbein von einem Höhlenlöwen. Der Untere Travertin von Stuttgart-Untertürkheim enthält Eichenmischwald-Fossilien und dokumentiert ein wärmeres Klima.

In der „Steppennagerschicht" des Steinbruchs Biedermann in Untertürkheim lagen große Teile des Skelettes eines Höhlenlöwen, aber nicht der Schädel. Die Steppennagerschicht mit Fossilien vom Pferdespringer (*Allactaga jaculus*) und Steppenlemming (*Lagurus lagurus*) markiert ein kühleres Klima und entstand später als der Untere Travertin.

Der Stuttgarter Paläontologe Fritz Berckhemer (1890–1954) vermutete, die im „Baumstammschlot S2" geborgenen Fersenbeine vom Höhlenlöwen, Riesenhirsch und Reh könnten von der „Fersenbein-Sammlung" eines Neandertalers stammen. Denn ein Fersenbein vom Riesenhirsch trug eine Reihe feiner Schnittspuren, wie sie entstehen, wenn man mit einem scharfen Gerät das Fleisch und die Sehnen von einem Knochen ablöst. Berckhemer hielt es für unwahrscheinlich, dass ein Tier die Fersenbeine in „Schlot 2" verschleppt haben könnte. In „Schlot 3" lagen eine Schneidespitze und ein Hohlkratzer sowie in „Schlot 4" ein Bohrgerät. Diese Geräte konnten nur vom Menschen hineingebracht worden sein, womit auch für die Knochen in „Schlot 2" keine andere Deutung möglich sei.

Relativ viele Reste von Höhlenlöwen kennt man aus der süddeutschen Würm-Eiszeit und der norddeutschen Weichsel-Eiszeit. Es liegen Funde aus Baden-Württemberg, Bayern, Rheinland-Pfalz, Hessen, Nordrhein-Westfalen, Niedersachsen, Thü-

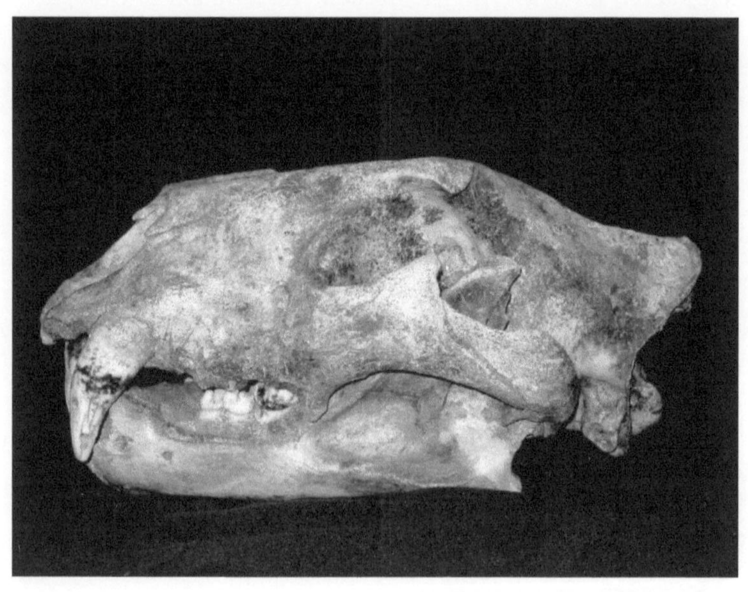

Schädelfund eines Höhlenlöwen aus der Gentnerhöhle von Weidelwang bei Pegnitz in Oberfranken aus dem Jahre 1932. Länge: 33 Zentimeter. Original im Geozentrum Nordbayern, Fachgruppe PaläoUmwelt, Erlangen (früher Institut für Paläontologie der Universität Erlangen-Nürnberg)

ringen, Sachsen-Anhalt, Sachsen, Brandenburg und Hamburg vor.

Aus der Würm-Eiszeit stammt ein 1975 von dem Fossiliensammler Bernard Bredow bei Siegsdorf (Kreis Traunstein) südlich des Chiemsees in Bayern entdecktes Höhlenlöwenmännchen. Dieses verfügte über eine Schulterhöhe von etwa 1,20 Metern und eine Kopfrumpflänge von etwa 2,10 Metern. Der Schädel dieses Höhlenlöwen ist etwa 38 Zentimeter lang. Die Datierung des Siegsdorfer Höhlenlöwen-Skeletts mit der Radiocarbon-Methode ergab ein geologisches Alter von etwa 47.000 Jahren. Sie wurde von dem Mannheimer Geoarchäologen Wilfried Rosendahl (Reiss-Engelhorn-Museum) und Robert Darga, dem Leiter des Naturkunde- und Mammut-Museums Siegsdorf, veranlasst.

An einigen Knochen des Siegsdorfer Höhlenlöwen sind 1992 von Carin Gross deutliche Schnittspuren erkannt worden. Weitere Hinweise auf die Anwesenheit von Urmenschen – wie etwa Werkzeuge oder Waffen – fand man nicht.

Nach Ansicht von Wilfried Rosendahl haben Neandertaler (*Homo sapiens neanderthalensis*) den Kadaver des Siegsdorfer Höhlenlöwen ausgeweidet. Darauf weisen Schnittspuren auf der Innenseite einiger Rippen und der Beckenknochen hin. Vermutlich hat man Fleischstücke aus dem Kadaver herausgeschnitten und verzehrt. Weil Schnittspuren fehlen, die eindeutig das Enthäuten belegen könnten – zum Beispiel an der Außenseite der Rippen oder an den Fingergliedern (Phalangen) –, ist fraglich, ob diesem Höhlenlöwen das Fell über die Ohren gezogen wurde. Auch typische Skelettelemente, die beim Enthäuten fehlen würden – wie etwa die Krallen –, sind noch vorhanden. Es gibt aber auch Paläontologen, die bezweifeln, dass der Siegsdorfer Höhlenlöwe geschlachtet wurde.

Die Todesursache des Siegsdorfer Höhlenlöwen ist unbekannt. Man weiß nicht, ob er auf natürliche Weise am Wasserloch verendet ist oder ob er durch Neandertaler getötet wurde. Dieser für die Wissenschaft so aufschlussreiche Höhlenlöwen-Fund

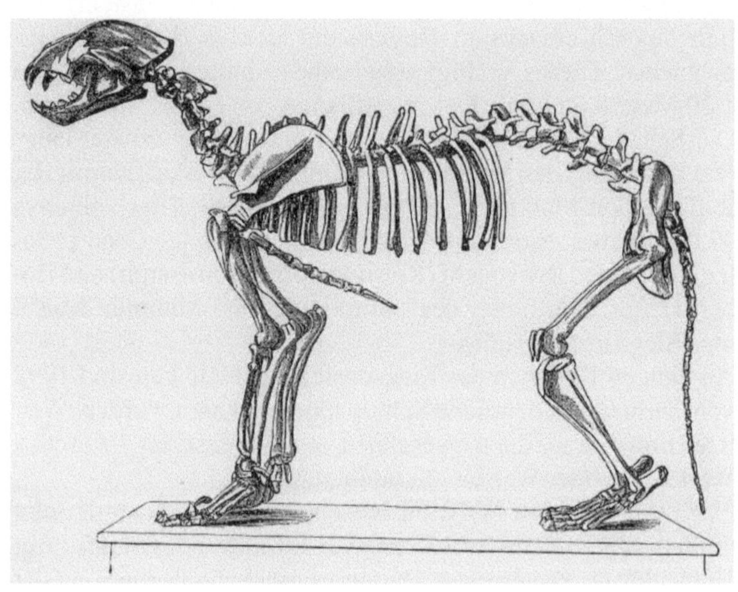

Abbildung des Skelettes eines Höhlenlöwen aus dem Mährischen Karst in Tschechien aus dem Jahre 1886. Früher hieß es irrtümlich, dieses Skelett stamme aus der Slouper-Höhle bei Brno (Brünn).

ist eine der Attraktionen im 1995 eröffneten Naturkunde- und Mammut-Museum Siegsdorf.

Einer der prächtigsten Schädelfunde eines Höhlenlöwen kam 1932 beim Bau der neuen Straße von Pegnitz nach Weidelwang (Oberfranken) in einer zerstörten Höhle zum Vorschein. Damals wurde durch Felssprengungen eine kleine Höhle freigelegt, deren Ablagerungen etliche fossile Knochenreste enthielten. Der Höhleninhalt wurde nach Auskunft der Straßenbauarbeiter überwiegend als Füllmaterial beim Festwalzen der Schotterlage verwendet. Über die Knochenfunde wurde der Bürgermeister von Pegnitz, Hans Gentner (1877–1953), informiert. Einige Tage später erfuhr auch der damals in Gießen tätige Paläontologe Florian Heller (1905–1978) von diesen Funden. Er unternahm sofort mit Vermessungs-Obersekretär Spöcker aus Fischbach bei Nürnberg eine Ortsbesichtigung. Dabei wurde der Schädel des Höhlenlöwen gefunden, den Spaziergänger in der nahe der Straße vorbeifließenden Pegnitz gewaschen, fotografiert und in der prallen Sonne liegengelassen hatten. Die teilweise zerstörte Höhle war weitgehend ausgeräumt. Mit Bürgermeister Gentner (nach dem die Höhle benannt wurde) vereinbarte Heller, dass noch alle anfallenden Funde ihm zur Begutachtung und wissenschaftlichen Bearbeitung überlassen werden sollten. Tatsächlich erhielt er bald eine große Kiste mit zahlreichen Knochenresten, die er sofort konservierte und grob sichtete. Durch andere Aufgaben wurde Heller immer wieder von der Untersuchung der ihm übersandten Knochenreste abgehalten, so dass die Veröffentlichung hierüber erst 1953 erschien. Der Großteil der Knochenreste stammte von Höhlenbären. Daneben kamen aber auch zwei Unterkieferäste einer Großkatze und zwei weitere Skelettelemente zum Vorschein, die nach Hellers Ansicht ziemlich sicher demselben Höhlenlöwen angehören, von dem der Schädel herrührt. Nach dem Tode Hellers erhielt das Paläontologische Institut der Universität Erlangen-Nürnberg dessen Sammlung, zu der auch der Höhlenlöwe von Weidelwang gehört. Die Gentner-Höhle kann

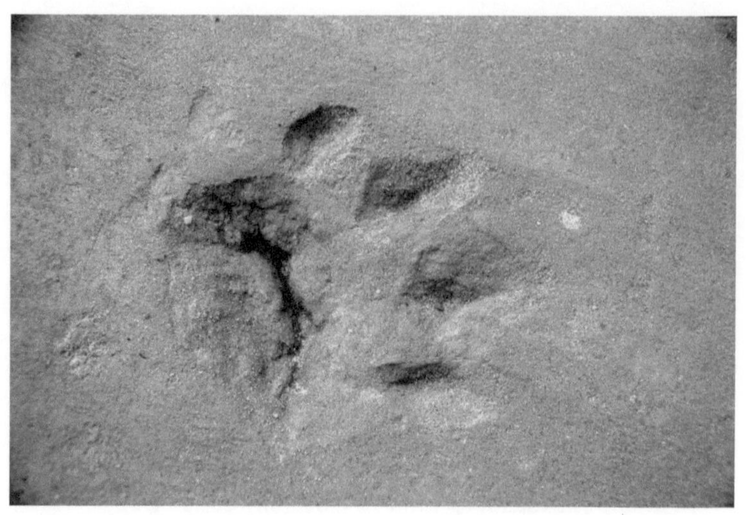

*In der Würm-Eiszeit vor ca. 42.000 bis 35.000 Jahren entstan-
den in Bottrop-Welheim die ältesten Löwenspuren Europas.
Sie stammen von einem Höhlenlöwen (Panthera leo spelaea).*

heute nicht mehr besichtigt werden. Sie wurde nach Fertigstellung der Straßenbauarbeiten aus Sicherheitsgründen verschlossen.

Ungewöhnlich gut erhalten ist das Skelett eines Höhlenlöwen aus dem Mährischen Karst in Tschechien. Früher hieß es, dieses Skelett stamme aus der Slouper-Höhle bei Brno (Brünn), doch das gilt heute als falsch. Eine Abbildung von der Ausstellung dieses Fundes im Wiener Hofmuseum ist in dem Werk „Entwicklungsgeschichte der Natur" (Band 2, 1886) von Wilhelm Bölsche (1861–1939) zu sehen.

Einen Eintrag ins „Guiness-Buch der Rekorde" wert ist ein Höhlenlöwen-Skelett aus einer Höhle im Sauerland. Denn dieser von Cajus G. Diedrich untersuchte Fund stammt vom einzigen erst wenige Monate alten Jungtier eines Höhlenlöwen. Die Geschichte des kleinen Höhlenlöwen klingt fast unglaublich: Seine Reste wurden anfangs auf verschiedene Museen verstreut. Dann landete ein Teil im Müllcontainer, wo es durch einen aufmerksamen Paläontologen gerettet wurde. Außerdem fügte man drei Knochen von diesem Jungtier fälschlicherweise in das Skelett einer Höhlenhyäne, das Diedrich wieder demontieren ließ. Interessanterweise ist dies der einzige Löwenrest in einem sehr bedeutenden Hyänenhorst im Sauerland.

In seinem Werk „Lebensbilder aus der Tierwelt der Vorzeit" (1921) erwähnte der österreichische Paläontologe Othenio Abel (1875–1946) ein in der Tischoferhöhle bei Kufstein in Tirol entdecktes Höhlenlöwen-Skelett. Diesen Fund deutete der Münchner Paläontologe Max Schlosser (1854–1933) als den Rest eines Eindringlings, der von den diese Höhle bewohnenden Höhlenbären überfallen und zerrissen worden sei.

In seinem Buch „Die vorzeitlichen Säugetiere" (1914) zeigte Othenio Abel den prächtigen Schädel eines Höhlenlöwen aus der Höhle von Mars bei Vence (Meeralpen) in Frankreich. Der Pariser Paläontologe Marcellin Boule (1861–1942) beschrieb diesen Fund als Löwen, während Jules René Bourguignat (1829–1892) ihn als Tiger verkannte.

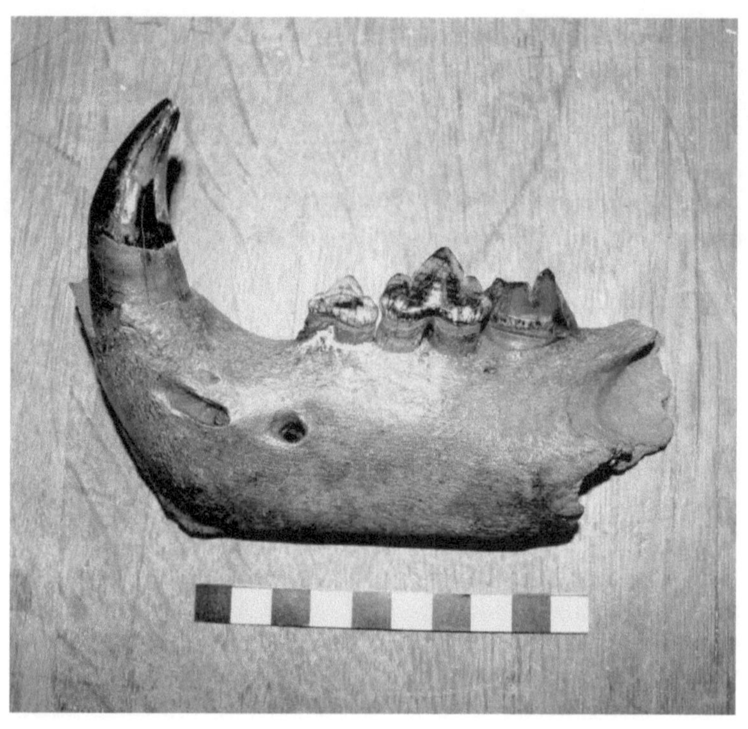

*Unterkiefer eines Höhlenlöwen aus Südhessen
aus dem Hessischen Landesmuseum Darmstadt*

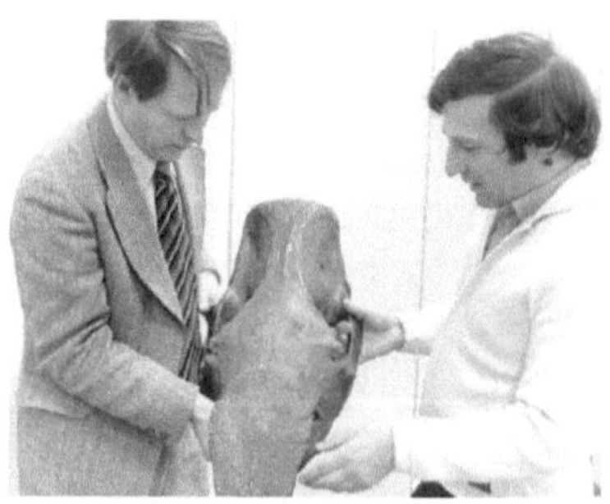

*Der Paläontologe
Wighart von Koenigswald
(links) während seiner Zeit
am Hessischen Landesmuseum
Darmstadt und
Ernst Probst, der Verfasser
dieses Taschenbuches (rechts),
betrachten einen
fossilen Nashornschädel*

Die ältesten Löwenspuren Europas wurden 1992 auf der Baustelle für ein Nachklärbecken der Emscher-Kläranlage Bottrop-Welheim von dem Paläontologen Martin Walders entdeckt und ausgegraben. Die etwa zehn Meter lange Fährte stammt von einem Höhlenlöwen aus der Würm-Eiszeit und entstand vor schätzungsweise etwa 42.000 bis 35.000 Jahren. Sie wird aus 32 Pfotenabdrücken gebildet und von Wildpferd- und Wisentspuren gekreuzt. Aus der Schrittlänge der Fährte konnte die Laufgeschwindigkeit des Höhlenlöwen rekonstruiert werden. Demnach hat diese Raubkatze in ruhigem Lauf ihre Pfotenabdrücke hinterlassen. Es lag also keine unmittelbare Jagdsituation vor. Ein etwa 35 Quadratmeter großer Ausschnitt der Fährtenfläche ist im Museum für Ur- und Ortsgeschichte (Quadrat Bottrop) zu bewundern.

In Bottrop-Welheim sind auf einer Fläche von insgesamt ca. 150 Quadratmetern etwa 600 Trittsiegel von Tieren entdeckt worden. Etwa die Hälfte davon ließ sich zu rund 30 Fährten zusammenstellen. Davon stammen 16 Fährten vom Rentier, zwei von einem großen Rind, zehn von Huftieren (darunter zwei von Wildpferden), eine Fährte vom erwähnten Höhlenlöwen und eine vom Wolf. Auch ein Wasservogel hat Fußabdrücke erzeugt.

In oberpleistozänen Ablagerungen des Rheins von Hessenaue (Kreis Groß-Gerau) in Südhessen kam das Schienbein eines Höhlenlöwen zum Vorschein, an dem sich eine interessante Krankheitsgeschichte ablesen lässt. Trotz einer schweren Entzündung des Knochenmarks, die diese Raubkatze vorübergehend jagdunfähig machte, ist das Schienbein verheilt. Demnach muss dieser Höhlenlöwe noch längere Zeit mit dieser Behinderung überlebt haben. Er wurde von Artgenossen an der Beute geduldet oder mit Futter versorgt. Demnach könnte der Höhlenlöwe wie heutige Löwen ein Rudeltier gewesen sein. Über das aufschlussreiche Schienbein von Hessenaue berichteten 1987 der Bonner Paläontologe Wighart von Koenigswald und der Frankfurter Mediziner Erich Schmitt.

Höhlenlöwe auf einem Bild des Tiermalers Heinrich Harder

*Der Ostsibirische Höhlenlöwe
oder Beringia-Höhlenlöwe
(Panthera leo vereshchagini)
ist nach dem verdienstvollen
russischen Forscher
Nikolai K. Vereshchagin
aus St. Petersburg benannt*

Figuren von Höhlenlöwen, die aus Mammut-Elfenbein geschnitzt waren – wie die etwa 32.000 Jahre alten Funde aus der Vogelherdhöhle auf der Schwäbischen Alb – sowie Darstellungen von Löwen in französischen Höhlen können als Hinweis dafür betrachtet werden, dass die eiszeitlichen Jäger diese Raubkatzen sehr gut kannten. Einem Jäger hat womöglich ein Löwen-Eckzahn, der beim Zigeunerfels bei Sigmaringen (Baden-Württemberg) geborgen wurde, sogar als Amulett gedient.

Eiszeitliche Darstellungen von Jägern und Sammlern präsentieren Höhlenlöwen immer ohne Mähne, was darauf hindeutet, dass männliche Tiere im Gegensatz zu ihren heutigen afrikanischen und indischen Verwandten mähnenlos waren. Vielleicht wurden auf den Höhlenbildern aber nur weibliche Tiere abgebildet. Das Fell scheint nach diesen Bildern einfarbig gewesen zu sein. Außerdem ist oft die für Löwen typische Schwanzquaste erkennbar.

Sogar während der Kaltzeiten des Eiszeitalters drangen die Höhlenlöwen weit nach Norden vor. Im Nordosten Asiens entstand als weitere Rasse der Ostsibirische Höhlenlöwe oder Beringia-Höhlenlöwe (*Panthera leo vereshchagini*), dessen Unterart nach dem verdienstvollen russischen Forscher Nikolai K. Vereshchagin aus St. Petersburg benannt ist.

Als der Meeresspiegel während einer Kaltzeit wieder eimal sank, konnten Höhlenlöwen und andere Tiere aus Asien (Sibirien) über die Landbrücke Beringia und die trockengefallene Bering-Landbrücke auch Nordamerika (Alaska) erreichen. Von dort aus wanderten sie vermutlich weiter nach Süden und entwickelten sich allmählich zu Amerikanischen Höhlenlöwen bzw. Amerikanischen Löwen (*Panthera leo atrox*).

Nach gegenwärtigem Wissensstand verschwand der Ostsibirische Höhlenlöwe gegen Ende der letzten großen Vereisungsphase der süddeutschen Würm-Eiszeit bzw. der norddeutschen Weichsel-Eiszeit vor etwa 10.000 Jahren. Der Europäische Höhlenlöwe starb vermutlich etwa gleichzeitig aus. Löwen konnten sich aber möglicherweise auf der Balkanhalbinsel bis weit in die Nacheiszeit behaupten. Bei diesen Raubkatzen vom Balkan ist aber unklar, ob sie wirklich zur Unterart des Höhlenlöwen zählten.

Das Verschwinden der Löwen in Amerika, Asien und Europa wurde vermutlich dadurch bewirkt, dass ihre Beutetiere ausstarben. Zum Ende des Eiszeitalters wuchsen da, wo vorher Graslandschaft war, wieder die Wälder. Das Aussterben oder Abwandern der an Futternot leidenden Steppenhuftiere könnte den großen Raubkatzen die Nahrungsbasis entzogen haben. Es ist aber nicht völlig auszuschließen, dass die oberpleistozänen Höhlenlöwen in Deutschland die letzte Kaltphase in der Würm-Eiszeit nicht überlebten. Denn aus kühlen Abschnitten des Eiszeitalters kennt man nur wenig Löwenüberreste.

Nach dem Ende des Eiszeitalters nahm der Löwenbestand rasch ab, nachdem sich diese Tiere zuvor geradezu explosionsartig ausgebreitet hatten.

Im Buch „Deutschland in der Urzeit" (1986) von Ernst Probst heißt es, als die Jäger in der Jungsteinzeit zu Ackerbau und Viehzucht übergegangen seien, wäre der Löwe zum Nahrungskonkurrenten des Menschen geworden. Die letzten europäischen Löwen hätten im antiken Griechenland gelebt. Davon zeugten nicht nur die Sage von der Tötung des Nemeischen Löwen durch den Halbgott Herkules, sondern auch Funde und Darstellungen von Löwen auf Kunstgegenständen und Waffen der Bronzezeit, der Zeit der homerischen Helden.

*Lebensbild eines Höhlenlöwen
aus dem Eiszeitalter
aus der Hand des Künstlers Shuhei Tamura
aus Kanagawa in Japan*

Höhlenlöwen
in der Kunst der Eiszeit

Höhlenlöwen spielten in der Gedankenwelt der eiszeitlichen Jäger und Sammler sicherlich eine große Rolle. Kein Wunder: Waren doch Begegnungen mit solchen Raubkatzen oft lebensgefährlich. Auf eiszeitlichen Kunstwerken aus Europa in Form von Höhlenmalereien, Gravierungen und Schnitzereien sind Höhlenlöwen eindrucksvoll dargestellt. Ihre Kraft, Wildheit und Gefährlichkeit übten wohl eine große mystische Anziehungskraft aus.

Besonders eindrucksvolle Löwendarstellungen befinden sich unter den Tierbildern aus der Chauvet-Höhle in Nähe der südfranzösischen Kleinstadt Vallon-Pont-d'Arc im Departement Ardèche. Diese im Dezember 1994 durch die französischen Speläologen Jean-Marie Chauvet, Eliette Brunel Deschamps und Christian Hillaire im Tal der Ardèche entdeckte Höhle enthält Bilder von Fellnashörnern, Wildpferden, Höhlenlöwen und anderen eiszeitlichen Tieren. Der schmale Einstieg in die Höhle hatte sich durch einen Luftzug verraten.

Mit Hilfe der Radiocarbon-Methode (C14-Methode) konnten die mehr als 300 Wandbilder mit über 400 Tierdarstellungen in der Chauvet-Höhle auf ein Alter zwischen etwa 33.000 und 30.000 Jahren datiert werden. Sie gelten als die ältesten bekannten Höhlenmalereien und Höhlenzeichnungen.

Wegen ihrer schier unglaublich hohen Qualität drängt sich zunächst der Eindruck einer Fälschung auf, doch eine solche ist – laut Online-Lexikon „Wikipedia" – allein schon auf Grund der Versinterung der Farbaufträge auszuschließen. Trotzdem gibt es von Seiten prominenter Chronologie-Kritiker nach wie vor Fälschungsvorwürfe, die von der Fachwelt aber allgemein als abwegig betrachtet werden.

Früher Jetztmensch (Homo sapiens sapiens) aus der Zeit des Aurignacien vor etwa 32.000 Jahren beim Schnitzen eines „Löwenmenschen" aus Mammutelfenbein, wie er in der Höhle Hohlenstein-Stadel bei Asselfingen (Alb-Donau-Kreis) in Baden-Württemberg gefunden wurde

Unter den Tierbildern der Chauvet-Höhle befinden sich 71 Darstellungen von Höhlenlöwen mit unterschiedlicher Körperhaltung – von aufmerksam-lauernd bis drohend-aggressiv. Weil die männlichen Höhlenlöwen im Gegensatz zu heutigen Löwen keine Mähne trugen, kann man sie nur wegen ihrer größeren Maße und teilweise wegen der Darstellung ihres Geschlechtsteils von den weiblichen unterscheiden. Bei einer Raubkatze mit geflecktem Fell aus der Chauvet-Höhle soll es sich um einen Leoparden handeln.

Die Tierbilder in der Chauvet-Höhle sind von Jägern und Sammlern aus der Kulturstufe des Aurignacien (vor etwa 35.000 bis 29.000 Jahren) geschaffen worden. Der Begriff Aurignacien wurde 1869 durch den französischen Prähistoriker Gabriel de Mortillet (1821–1898) eingeführt. Namengebender Fundort ist die Höhle von Aurignac im Departement Haute-Garonne. Außer in Frankreich war diese Kulturstufe auch in Italien, Österreich, Deutschland und Tschechien verbreitet. Im Nahen und Mittleren Osten trat das Aurignacien sogar schon vor etwa 40.000 Jahren auf.

Als geheimnisvollstes Kunstwerk aus dem Aurignacien in Deutschland gilt ein 29,6 Zentimeter hohes, aus Mammutelfenbein geschnitztes Mensch-Tier-Wesen aus der Höhle Hohlenstein-Stadel im Lonetal bei Asselfingen (Alb-Donau-Kreis) in Baden-Württemberg. Die vor etwa 32.000 Jahren geschaffene Figur steht aufrecht wie ein Mensch, trägt den Kopf einer Höhlenlöwin mit nach vorn gerichteten Ohren, sie blickt aufmerksam in die Ferne, hat einen ruhig herabhängenden linken Arm (der rechte fehlt), gespreizte Beine und Füße mit Hufen.

Auf dem linken Arm des „Löwenmenschen" wurden Einschnitte vorgenommen. Im Bereich des Bauches schließt eine scharf geschnittene Querrille fast in der Mitte zwischen Nabel und Schritt den Schamberg oben ab. Dessen Dreieck tritt durch die markant geschnittenen Leisten- und Schenkellinien deutlich hervor. Das Mensch-Tier-Wesen besitzt demnach weibliches Ge-

Aus Mammutelfenbein geschnitzte Figur eines „Löwenmen-schen" aus der Höhle Hohlenstein-Stadel bei Asselfingen (Alb-Donau-Kreis) in Baden-Württemberg. Höhe: 29,6 Zentimeter. Original im Ulmer Museum, Prähistorische Sammlung

schlecht. Die schräg gestellten Fußsohlen eigneten sich nicht als Standflächen. Man weiß nicht, ob diese Figur einst gestützt, aufgehängt, gelegt oder getragen wurde.

Die Entdeckungsgeschichte dieses „Löwenmenschen" ist ungewöhnlich. 1937 begann der Tübinger Prähistoriker Robert Wetzel (1898–1962) mit systematischen Grabungen im Hohlenstein-Stadel. Zwei Jahre später bewirkte der Ausbruch des Zweiten Weltkrieges das abrupte Ende der Untersuchungen. Der Geologe Otto Völzing (1910–2001), der Grabungsleiter vor Ort, packte die Funde eilig zusammen und ließ sie abtransportieren. Zum Fundgut gehörten rund 200 Bruchstücke eines Mammutstoßzahns, der zwei Tage zuvor – am 25. August 1939 – etwa 27 Meter hinter dem Höhleneingang in etwa einem Meter Tiefe geborgen worden war. Die Funde kamen ins Ulmer Museum, dem Wetzel später seine Sammlung – darunter die Bruchstücke – vermachte.

Bei der Inventarisierung des Fundgutes aus dem Hohlenstein-Stadel im Ulmer Museum wurden 1970 die Bruchstücke des Mammutstoßzahns in einem Karton voller Tierreste wieder entdeckt. Die Tübinger Prähistoriker Joachim Hahn (1942–1997), Hartwig Löhr und Gerd Albrecht bemerkten an den Bruchstücken deutliche Bearbeitungsspuren.

Unter den Händen von Joachim Hahn entstand allmählich eine menschenähnliche Figur, an der man einen Kopf, einen Arm und zwei Beine erkennen konnte. Ein hoch gesetztes rundes Ohr deutete eher auf ein Tier als auf einen Menschen hin. Weil das Gesicht fehlte, blieb unklar, ob es sich um einen Bären oder um eine große Raubkatze handelte.

1972 wurde der Torso der Figur bei einer Tagung von Eiszeitforschern vorgestellt. Dabei erinnerte sich ein ehemaliger Grabungsteilnehmer an einige Bruchstücke aus dem Hohlenstein-Stadel, die der inzwischen verstorbene Robert Wetzel in seinem Arbeitszimmer an der Universität Tübingen aufbewahrt hatte. Diese Bruchstücke erwiesen sich als der rechte Teil des Hinterkopfes und ein Teil des rechten Armes der Figur.

Etliche Jahre später lieferte eine Mutter im Ulmer Museum einige Funde ab, die ihr kleiner Sohn bei einer Wanderung im Hohlenstein-Stadel entdeckt hatte. Darunter befand sich ein Bruchstück, das der Figur ihr Gesicht gab: Es war das Antlitz eines Höhlenlöwen. 1982 stand fest, dass Jäger und Sammler aus der jüngeren Altsteinzeit ein Mischwesen mit Merkmalen von Mensch und Löwe geschaffen hatten. Ob es sich um einen Mann oder um eine Frau handelte, wusste man damals noch nicht.

Das Rätsel über das Geschlecht der Figur löste man erst, als Fehler beim ersten Zusammenfügen der Figur korrigiert wurden. Ein bis dahin recht männlich wirkender dreieckiger Fortsatz zwischen den Beinen wanderte in der merklich kompakteren neuen Zusammensetzung von 1987/1988 weiter nach oben. Weil das Dreieck von einer waagrechten Bauchkerbe abgeschlossen wird, wie sie für weibliche Aktdarstellungen typisch ist, deutete die Basler Paläontologin Elisabeth Schmid (1912–1994) es als weibliche Scham.

In der Folgezeit bezeichnete man die Figur aus dem Hohlenstein-Stadel als Figur einer Frau mit dem Kopf einer Löwin. Weil an der gesamten Vorderfront der Figur die originale Oberfläche abgeplatzt ist, entschied sich das Ulmer Museum für die geschlechtsneutrale Bezeichnung „Löwenmensch", die bis heute üblich ist.

Das mysteriöse Mischwesen aus dem Hohlenstein-Stadel könnte sich vielleicht einmal als Schlüsselfigur für das Verständnis der Aurignacien-Leute erweisen. Noch weiß man nicht, was die damaligen Jäger und Sammler bewogen hat, solche „Löwenmenschen" bildlich darzustellen. Handelte es sich dabei um das Abbild eines Schamanen, also eines Zauberers, der sich ein Löwenfell übergestülpt hatte? Oder sollte der „Löwenmensch" eine Gottheit darstellen, der man mit solchen Figuren gehuldigt hat? Der Originalfund des „Löwenmenschen" ist im Ulmer Museum zu bewundern.

Nur wenige hundert Meter vom Fundort des Mischwesens aus

dem Hohlenstein-Stadel entfernt wurde am 5. Mai 2007 in der ehemaligen Mönchsklause des Weilers Lindenau beim Lonetal die „Höhle des Löwenmenschen" eröffnet. Diese Höhle präsentiert eine ständige Ausstellung über den mysteriösen „Löwenmenschen".

Als weitere „Löwenmenschen" werden aus Mammutelfenbein geschnitzte kleine Figuren aus den Höhlen Geißenklösterle bei Blaubeuren-Weiler im Lonetal und Hohler Fels im Achtal bei Schelklingen (beide im Alb-Donau-Kreis) aus Baden-Württemberg diskutiert. Bei der 1979 entdeckten, 3,8 Zentimeter hohen Figur mit erhobenen Armen aus dem Geißenklösterle ist die oberste Schicht, die das Gesicht enthielt, abgeplatzt. Zwischen den gespreizten Beinen dieses Wesens befindet sich etwas wie ein drittes Bein, das womöglich den Schwanz eines Höhlenlöwen darstellt. Nur 2,5 Zentimeter groß ist die 2002 im Hohlen Fels gefundene Figur. An ihr fehlen die Beine, mit denen zusammen sie wohl knapp doppelt so hoch gewesen sein dürfte. Diese kleine Figur lässt Einzelheiten schlechter erkennen als die große Statuette aus dem Hohlenstein-Stadel. Doch man kann Augen, ein rundes Ohr, die Schnauze und den Mund erkennen.

Das Mischwesen aus dem Hohlenstein-Stadel repräsentiert vielleicht ein Maximum an Kraft und Stärke. Wenn diese Vermutung zuträfe, könnte es sich dabei um die Darstellung einer Gottheit handeln, vielleicht um den Herrn der Tiere oder des Jagdreviers. Daneben werden die Löwenfiguren aus der Vogelherdhöhle (Kreis Heidenheim) sowie die Bärenfigur aus dem Geißenklösterle bei Blaubeuren-Weiler (alle in Baden-Württemberg) als Sinnbild für Kraft und Stärke angesehen. Sie dürften wohl als bewegliche Heiligtümer gedient haben. Manche Prähistoriker spekulieren darüber, ob die Aurignacien-Leute bestimmte Tiere als Schutzgeist – sozusagen als zweites Ich – betrachteten. Vielleicht haben sich die damaligen Jäger sogar mit den von ihnen getöteten Wildtieren durch bestimmte Riten versöhnt.

Aus Mammutelfenbein geschnitzter Kopf eines Höhlenlöwen aus der Vogelherdhöhle (Kreis Heidenheim) in Baden-Württemberg. Länge 2,9 Zentimeter, Höhe 2,1 Zentimeter, größte Dicke 0,6 Zentimeter. Original im Landesmuseum Württemberg, Stuttgart

Besonders gelungene Tierfiguren aus Elfenbein wurden vor etwa 32.000 Jahren in der erwähnten Vogelherdhöhle zu unterschiedlichen Zeiten abgelegt. Bei den ersten Ausgrabungen des Tübinger Prähistorikers Gustav Riek (1900–1976) im Jahre 1931 kurz nach der Entdeckung des Höhleneingangs hat man dort elf Tierfiguren entdeckt. Diese Kunstwerke lagen in zwei unterschiedlich alten Grabungsschichten und sind nur wenige Zentimeter groß.

In der unteren Grabungsschicht kamen sechs Tierfiguren zum Vorschein: zwei Mammute, ein Wildpferd, ein Rentier, ein Bär und eine Raubkatze, die von Riek zunächst als Panther, später als Höhlenlöwe gedeutet wurde.

In der oberen Grabungsschicht fand man vier Figuren: ein Mammut, einen Bison, einen mutmaßlichen Höhlenlöwen und eine Figur, die vielleicht eine menschliche Gestalt darstellen könnte. Ein kleiner Löwenkopf mit 2,9 Zentimeter Länge, 2,1 Zentimeter Höhe und 0,6 Zentimeter Dicke konnte keiner der beiden Fundschichten zugeordnet werden.

Bei Nachgrabungen in der Vogelherdhöhle entdeckte der Prähistoriker Nicholas Conrad von der Universität Tübingen 2007 im Abraum der Grabung von 1931 weitere Tierfiguren: ein Mammut, einen lauernden Höhlenlöwen, der auch als Schnee-Leopard diskutiert wird, und weitere Bruchstücke von Tierfiguren. Conrad gräbt und forscht seit Jahren am Südrand der Schwäbischen Alb.

Die Tierfiguren aus der Vogelherdhöhle wirken erstaunlich realistisch, obwohl Details manchmal fehlen oder übertrieben dargestellt sind. Da an etlichen der Tierfiguren aus der Vogelherdhöhle Reste von Ösen erkennbar sind, dürften sie als Amulette gedient haben, die dem Träger vielleicht magische Kraft für die Jagd oder für den Wettbewerb mit anderen Stammesgenossen verleihen sollten. Möglicherweise waren diese wertvollen Objekte nur Schamanen (Zauberern) vorbehalten. Viel plumper als die meisterhaften Tierfiguren ist eine Menschendarstellung mit knopfartigem Kopf vom gleichen Fundort.

Im Gegensatz zum Aurignacien konnte man bisher aus der Kulturstufe des Gravettien (vor etwa 28.000 bis 21.000 Jahren) in Deutschland keine Tierfiguren von Höhlenlöwen entdecken. Der Begriff Gravettien wurde 1938 von der englischen Archäologin Dorothy Garrod (1892–1968) in Cambridge geprägt. Namengebender Fundort ist die Halbhöhle La Gravette bei Bayac im französischen Departement Dordogne. Das Gravettien war in Frankreich, Spanien, Italien, Belgien, Österreich, Deutschland und Tschechien vertreten. Es verschwand in Deutschland vor dem Höchststand der Gletscher, der etwa vor 20.000 Jahren erreicht wurde.

Eine berühmte Fundstelle aus dem Gravettien in Tschechien ist Dolni Vestonice (Unter-Wisternitz) unweit des Zusammenflusses der Svratka und Dyje in Südmähren, etwa 10 Kilometer von der Stadt Mikulov entfernt. Dort hatten sich einst Mammutjäger aufgehalten, von denen bei Ausgrabungen ab 1924 Reste ihrer Behausungen, Jagdbeute und Kunstwerke entdeckt wurden. Zum Fundgut gehören neben einer Frauenfigur aus gebranntem Ton, der so genannten „Venus von Dolni Vestonice", zahlreiche Tierfiguren aus Ton, darunter auch der Kopf einer Höhlenlöwin mit angedeuteten Verwundungen. Aus Pavlov in Tschechien kennt man eine 21,4 Zentimeter lange Elfenbeinfigur, die eine sprungbereite Höhlenlöwin darstellt.

Unter den Tierköpfen aus Ton von der russischen Fundstelle Kostenki I befindet sich ein besonders schöner Kopf einer Höhlenlöwin. Auffälligerweise hat man in Kostenki I viele Knochen von Höhlenlöwen entdeckt, vor allem Schwanzwirbel und Tatzen in richtiger anatomischer Lage. „Das legt die Vermutung auf einen kultischen Brauch nahe", schrieb Rudolf Drößler in seinem Buch „Kunst der Eiszeit. Von Spanien bis Sibirien" (1980).

Die Kulturstufe des Solutréen (vor etwa 22.000 bis 16.500 Jahren) war vor allem in Frankreich, Portugal und Spanien vertreten. Sie ist nach einer Fundstelle bei Solutré-Puilly nahe Mâcon im Departement Saône-et-Loire in Burgund (Frankreich) be-

zeichnet. Dort fand man an einem steilen Berghang die Knochen von mehr als 100.000 Wildpferden, bei denen es sich um
Jagdbeutereste handelt.

Zu den Tierfiguren aus dem Solutréen oder Magdalénien aus
der Höhle Isturitz bei Biarritz im Departement Pyrénées-Atlan-
tiques (Frankreich) gehört eine etwa 16 Zentimeter lange Großkatze, die unterschiedlich als Höhlenlöwe oder Säbelzahnkatze
gedeutet wird. Der Originalfund dieses 1896 entdeckten Kunst-
werkes gilt bereits seit Anfang des 20. Jahrhunderts als ver-
schollen. Davon liegt aber eine Zeichnung aus einer Publikaton
des französischen Pfarrers und Archäologen Henri Breuil (1877–
1961) vor, die der tschechische Forscher Vratislav Mazak (1937–
1987) aus Prag 1970 als Säbelzahnkatze deutete.

In der Kulturstufe des Magdalénien sind in Frankreich und Spanien die schönsten und meisten Höhlenmalereien entstanden,
von denen manche auch Höhlenlöwen zeigen. Der Begriff
Magdalénien wurde 1869 von dem erwähnten Prähistoriker
Gabriel de Mortillet geprägt. Benannt wurde es nach dem Abri
(Halbhöhle) La Madeleine gegenüber von Tursac in der Dordogne (Frankreich). Urspünglich hat man das Magdalénien auch
„Zeitalter der Rentiere“ genannt, weil damals vor allem Rentiere erlegt wurden.

Das Magdalénien währte in Südfrankreich und Nordspanien vor
etwa 18.000 bis 11.500 Jahren in einem Gebiet, das während
der gesamten jüngeren Altsteinzeit eisfrei war. Deshalb konnten sich dort Menschen selbst zu Zeiten aufhalten, in denen
Deutschland vermutlich menschenleer war.

Vor etwa 15.000 Jahren wanderten Magdalénien-Leute auch in
Nordfrankreich, Belgien, Südengland, Deutschland und in der
Nordostschweiz ein. Vielleicht sind sogar schon vorher verein-
zelte Magdalénien-Jäger eingesickert. In Deutschland rechnet
man die Zeit vor etwa 15.000 bis 11.500 Jahren dem Magdalénien zu.

Aus dem Magdalénien kennt man in Frankreich und Spanien
mehr als 150 Höhlen, die Malereien und Zeichnungen von Wild-

Gravierungen von Höhlenlöwen aus dem Magdalénien in der Höhle von Lascaux im Tal der Vézère bei Montignac im Departement Dordogne (Frankreich). Maßstab unten rechts: 25 Zentimeter

tieren und ganz selten auch von Menschen zeigen. Zu den grandiosesten Höhlenmalereien aus dem Magdalénien gehören diejenigen von Lascaux im Tal der Vézère bei Montignac im Departement Dordogne (Frankreich) und von Altamira bei Santillana del Mar westlich von Santander in Kantabrien (Spanien).
In Lascaux wurden vor etwa 17.000 bis 15.000 Jahren Auerochsen, Höhlenbären, Wisente, ein „Einhorn"-ähnliches Wesen, Hirsche, Fellnashörner, Wildpferde, Esel, Steinböcke, Moschusochsen, Rentiere, Vögel und Raubkatzen dargestellt. Einer der verschiedenen Höhlenräume heißt „Kabinett der Katzentiere". In Lascaux sind insgesamt elf Höhlenlöwen abgebildet. Auf einem Wandbild von Lascaux sind drei Höhlenlöwen zu sehen, von denen zwei von Pfeilen oder Speeren getroffen sind, während beim dritten Tier mutmaßlich Blut aus dem Maul spritzt.
Die Höhle von Lascaux wurde am 12. September 1940 von Marcel Ravidat, Jacques Marsal, George Agnel und Simon Coencas entdeckt und ab 1948 für Besucher geöffnet. Weil das von täglich etwa 1200 Besuchern ausgeatmete Kohlendioxid die eiszeitlichen Bilder beschädigte, hat man die Höhle 1963 für Besucher wieder geschlossen sowie mit einem Belüftungs- und Klimaregulierungssystem ausgestattet. 1983 ist eine exakte Nachbildung der Höhle („Lascaux II") für Besucher eröffnet worden.
Die Höhle von Altamira enthält mehr als 100 Bilder (Gravierungen, Kohlezeichnungen und Farbbilder) mit Darstellungen von Hirschen, Hirschkühen, Bisons, Wildpferden und Wildschweinen, jedoch nicht von Höhlenlöwen. Sie wurde 1879 von einem Jäger durch das Verschwinden eines Jagdhundes entdeckt. Als der Grundbesitzer Don Marcelino Sanz de Sautuola (1831–1888) davon erfuhr, begann er mit Ausgrabungen. Als erste erkannte seine achtjährige Tochter Maria 1879 Bilder von „Rindern" an der Höhlendecke. Nicht lange danach stürzte die Höhle ein. Weil Wissenschaftler jener Zeit die Echtheit und das Alter der Höhlenbilder von Altamira bezweifelten, musste Sautuola

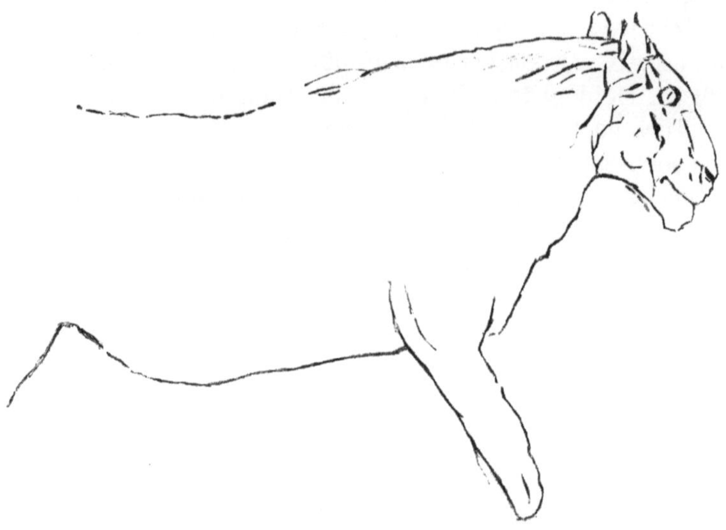

Zeichnung eines Höhlenlöwen aus dem Magdalénien an einer Felswand der Grotte von Les Combarelles bei Les Eyzies-de-Tayac-Sireuil im Departement Dordogne (Frankreich), Länge der Zeichnung etwa 70 Zentimeter, Schulterhöhe ungefähr 68 Zentimeter

fast 23 Jahre auf die Anerkennung warten. 1902 entschuldigte sich der französische Prähistoriker Èmile Cartailhac (1843–1921) in einem Aufsatz („Mea culpa d'un sceptique") bei Sautuola, nachdem 1901 ähnliche Malereien in der Höhle von Font-de-Gaume bei Les Eyzies-de-Tayac-Sireuil im Department Dordogne entdeckt worden waren. Die Höhle von Altamira steht seit 1979 nicht mehr für Besucher offen. 1998 erhielt das spanische Geographie-Institut den Auftrag, den etwa 1500 großen Eingangsbereich der Altamira-Höhle originalgetreu nachzubilden. Diese Rekonstruktion liegt heute etwa 500 Meter von der echten Höhle entfernt. Eine weitere Kopie ist im Deutschen Museum in München zu bewundern.

Als größtes Bild eines Höhlenlöwen gilt eine stark stilisierte Darstellung aus der Höhle La Baume-Latrone bei Nîmes im Departement Gard (Frankreich). Das eiszeitliche Kunstwerk präsentiert einen rund drei Meter langen Höhlenlöwen inmitten von Mammuten und Wildpferden. Der Höhlenlöwe trägt einen mächtigen Kopf mit weit aufgerissenem Maul und furchterregenden Eckzähnen. Rücken, Bauch und Schwanz seines Körpers sind nur durch wenige schwungvolle Linien angedeutet. Diese Zeichnung wurde früher als Reptil oder Fantasiewesen gedeutet.

Zu den schönsten Tierdarstellungen aus dem Magdalénien rechnete der österreichische Paläontologe Othenio Abel (1875–1946) die an einer Felswand der Grotte von Les Combarelles bei Les Eyzies-de-Tayac-Sireuil im Departement Dordogne (Frankreich) erhaltene Löwenzeichnung. Der französische Prähistoriker Henri Breuil (1877–1961) hielt diese Raubkatze für einen männlichen Löwen, Abel dagegen spekulierte, wegen der vom Künstler dargestellten Striche und Streifen auf Kopf und Hals könne es sich um die Wiedergabe einer tigerartigen Fellzeichnung handeln. In Wirklichkeit handelte es sich bei dem dargestellten Tier mit einer Länge von etwa 70 Zentimetern und einer Schulterhöhe von etwa 68 Zentimetern um einen Höhlenlöwen.

In der 1914 durch drei Söhne des Prähistorikers Henri Graf Begouën (1863–1956) entdeckten Höhle Les Trois Frères („Dreibrüder-Höhle") bei Montesquieu-Avantés im Departement Ariège sind insgesamt sechs Höhlenlöwen zu bewundern. Bekannt aus dieser Höhle sind vor allem Bilder von Schamanen (Zauberern), von denen einer eine Flöte blasend vor zwei Tieren steht und der andere mit einem Fell bekleidet und maskiert einen Zaubertanz vollführt.

Auf einem Bild in der Höhle von Font-de-Gaume bei Les Eyzies-de-Tayac-Sireuil im Departement Dordogne stehen sich ein mähnenloser Höhlenlöwe und mehrere Wildpferde gegenüber. Ein fragmentarisch erhaltener Lochstab von Laugerie Basse in der Dordogne zeigt auf einer Seite zwei Höhlenlöwen und auf der anderen zwei Wildpferde.

Ein Höhlenlöwe ohne Kopf zählt zu den zahlreichen Gravierungen auf Steinplatten aus dem Magdalénien vor mehr als 11.500 Jahren von Gönnersdorf bei Neuwied in Rheinland-Pfalz. Sie wurden im März 1968 bei Ausschachtungsarbeiten für einen Neubau entdeckt. Bei Ausgrabungen des Prähistorikers Gerhard Bosinski fand man nahezu 200 Darstellungen von Tieren und etwa 400 von stilisierten Frauen ohne Kopf und Füße. Diese Motive wurden in grauschwarze Schieferplatten graviert, die in den Behausungen von Jägern und Sammlern als Fußböden dienten. Man trat also die Kunst regelrecht mit Füßen. Nachdem die Gravierungen ihre magische oder kultische Aufgabe offensichtlich erfüllt hatten, ließ man sie einfach liegen. Unter den Gönnersdorfer Tierdarstellungen überwiegen eindeutig Abbildungen vom Wildpferd (74mal) und Mammut (61mal). Seltener sind Gravierungen vom Fellnashorn, Hirsch, Elch oder der Saiga-Antilope, Auerochsen, Wisent, Wolf, Höhlenlöwen, Fisch, Vogel oder der Robbe.

Besonders eindrucksvoll ist der auf der 17,2 Zentimeter langen Rippe eines Hornträgers (Boviden) dargestellte „Löwenfries" aus der Höhle La Vache im Departement Ariège (Frankreich). Auf der schon in alter Zeit zerbrochenen Rippe sind drei Höhlenlöwen zu erkennen. Derjenige in der Mitte ist vollständig sichtbar und rund 10 Zentimeter lang. Vom linken Höhlenlöwen sieht man nur noch das Hinterteil und den Schwanz, vom rechten lediglich die Schnauze. Das Fell dieser Raubkatzen hat man durch zahlreiche kleine Stiche markiert. Über dem mittleren Höhlenlöwen befinden sich drei, über dem linken zwei rechteckige Gebilde, die vielleicht Wolfszähne symbolisieren sollen.

Auf einem etwa 11,5 Zentimeter langen Tierknochenfragment aus Laugerie-Basse im Department Dordogne (Frankreich) ist der Rest einer Gravierung erkennbar, die einst vermutlich einen kompletten Höhlenlöwen darstellte. Auf dem Bruchstück sind nur noch das Hinterteil und der lange Schwanz mit Fellquaste zu sehen.

Ein verzierter Geweihrest von einem Rentier aus der Höhle von Gourdan im Departement Haute Garonne (Frankreich) zeigt Tiere, Tierköpfe, Tierfährten und geheimnisvolle Zeichen. Unter diesen Motiven ist auch der Höhlenlöwe mit zwei Pfotenabdrücken vertreten.

Gravierungen auf Kalksteinplatten in der Höhle La Marche bei Poitiers im Departement Vienne (Frankreich) zeigen aggressiv wirkende Höhlenlöwen mit offenem Maul und sichtbaren Eckzähnen (Fangzähnen). Auf einem großen Kalksteinblock kann man zwei Vorderpranken erkennen, bei denen es sich um den Rest einer kompletten Höhlenlöwen-Darstellung handeln könnte. Die Kalksteine sind in die Höhle gebracht worden, deren poröse Felswände sich nicht für Gravierungen oder Malerien eigneten.

Im Vergleich zu anderen eiszeitlichen Wildtieren sind Höhlenlöwen viel seltener von den Jägern und Sammlern dargestelt worden. Als der Pariser Prähistoriker André Leroi-Gourhan (1911–1986) die Darstellungen aus 66 von 110 damals bekannten Bilderhöhlen und Abris aus Frankreich und Spanien katalogisierte unterschied er 610 Wildpferde, 510 Bisons, 205 Mammute, 176 Steinböcke, 137 Rinder, 135 Hirschkühe, 112 Hirsche, 84 Rentiere, 36 Bären, aber nur 29 Höhlenlöwen, 16 Fellnashörner, 8 Damhirsche, 3 unbestimmbare Raubtiere, 2 Wildschweine, 2 Gemsen und 1 Saiga-Antilope sowie 6 Vögel, 8 Fische und 9 Monster bzw. Mischwesen oder Fabeltiere. Löwen und Fellnashörner wurden nach seinen Erkenntnissen meist am Höhlenende dargestellt.

Löwenfunde in Deutschland

Funde vom Mosbacher Löwen (*Panthera leo fossils*):

Hessen

Mosbach-Sande von Mosbach im Stadtkreis Wiesbaden: Nach Funden von dort und aus den Mauerer Sanden von Mauer bei Heidelberg ist 1906 der vor etwa 600.000 Jahren lebende Mosbacher Löwe (*Panthera leo fossilis*) von Wilhelm von Reichenau (1847–1925) beschrieben worden. Von diesem riesigen Löwen stammt der Höhlenlöwe (*Panthera leo spelaea*) ab. Reste von Mosbacher Löwen aus den Mosbach-Sanden werden im Naturhistorischen Museum Mainz, in der Universität Mainz und im Museum Wiesbaden aufbewahrt. Auf der Inventarliste des Naturhistorischen Museums Mainz sind etwa 35 Fundstücke vom Mosbacher Löwen erwähnt (einzelne Zähne, Unterkiefer, Knochen des Arm- und Beinskelettes). Ein Eckzahn (Fangzahn) ist 11,5 Zentimeter lang. Aus einem im Naturhistorischen Museum Mainz aufbewahrten Unterkieferast des Mosbacher Löwen ragt der Eckzahn fünf Zentimeter aus dem Kieferknochen. Im Museum Wiesbaden liegen ein 1904 in einer Sandgrube von Wiesbaden (Waldstraße) geborgener Eckzahn vom Mosbach-Löwen und ein weiterer aus einer Sandgrube in der Gegend von Hochheim am Main.

Baden-Württemberg

Mauerer Sande von Mauer bei Heidelberg: Löwenreste aus Mauer lagen schon 1906 bei der ersten Beschreibung des Mosbacher Löwen vor. Ein etwa 43 Zentimeter langer Oberschädel eines Mosbacher Löwen vom Fundort des etwa 630.000 Jahre alten Unterkiefers des Heidelberg-Menschen (*Homo*

Der Geologe, Paläontologe
und Prähistoriker Dietrich Mania
entdeckte 1969
die berühmte Fundstelle Bilzingsleben.
Dort kamen vor allem Fossilien
von Frühmenschen zum Vorschein,
aber auch Reste von Löwen.

erectus heidelbergensis oder *Homo heidelbergensis*) wird im Urgeschichtlichen Museum der Gemeinde Mauer aufbewahrt.

Nordrhein-Westfalen

Dechenhöhle im Stadtteil Grüne von Iserlohn (Märkischer Kreis) im Sauerland: In der nach dem Bonner Geologen und Bergmann Ernst Heinrich Carl von Dechen (1800–1889) benannten Höhle kamen auch der Oberkiefer und Skelettreste eines Löwen zum Vorschein, die aus dem „Altpleistozän" stammen sollen. Doch die Datierung dieses Fundes ist unsicher. Der Berliner Paläontologe Wilhelm Otto Dietrich (1881–1964) hat diesen Fund als neue Unterart namens *Panthera leo brachygnathus* beschrieben. Seine Aufsatz hierüber erschien 1968 – einige Jahre nach seinem Tod. In der Dechenhöhle wurden 1994 bei der Bergung eines Schädels vom Waldnashorn (*Dicerorhinus kirchbergensis*) – vermutlich aus der Holstein-Warmzeit (etwa 330.000 bis 300.000 Jahre) – ein Eckzahnfragment und der dritte linke Mittelfußknochen eines Löwen gefunden. Alain Argant, Jacqueline Argant, Marcel Jeannet (Frankreich) und Margarita Erbajeva (Russland) erwähnten die Dechenhöhle 2007 als Fundort des Mosbacher Löwen. Die Dechenhöhle gilt als eine der schönsten und meistbesuchten Schauhöhlen Deutschlands. Sie wurde 1868 von zwei Eisenbahnarbeitern entdeckt, denen ein Hammer in einen Felsspalt gefallen war, der sich als Zugang zu einer Tropfsteinhöhle entpuppte. Bereits im Entdeckungsjahr diente sie als Schauhöhle. Neben der Höhle befindet sich seit 2006 das Deutsche Höhlenmuseum.

Thüringen

Bilzingsleben am Rand des Wippertals (Kreis Artern), weltberühmter Fundort zahlreicher Fossilien des Frühmenschen *Homo erectus bilzingslebenensis* aus der Zeit vor etwa 370.000 Jahren: Die Fundstelle Bilzingsleben wurde im August 1969 von dem damals 31-jährigen Aspiranten Dietrich Mania vom Geologisch-Paläontologischen Institut der Universität Halle/Saale entdeckt. Als er auf der Sohle des westlichsten Travertinsteinbruches von Bilzingsleben grub, um für seine Habilitationsarbeit über die Klimaentwicklung des Eiszeitalters einige Molluskenproben entnehmen zu können, stieß er nach Wegräumen von etwa drei Meter Gesteinsschutt auf eine Schicht voller Mollusken und einen Spatenstich tiefer auf den Fußwurzelknochen eines Elefanten und Abfallsplitter aus Feuerstein, wie sie bei der Werkzeugherstellung durch Frühmenschen entstehen. Bei Ausgrabungen von Dietrich Mania im ehemaligen Steinbruch „Steinrinne" entdeckte man unter anderem Jagdbeutereste bzw. Speiseabfälle von Frühmenschen, zu denen auch Reste von Löwen gehören. Bei den Löwenresten handelt es sich um zwei Oberkieferfragmente erwachsener Tiere, einige Milcheckzähne junger Tiere sowie Skelettfragmente erwachsener Löwen. Volker Töpfer bezeichnete die Fossilien als Reste von Höhlenlöwen. Alain Argant, Jacqueline Argant, Marcel Jeannet (Frankreich) und Margarita Erbajeva (Russland) dagegen erwähnten Bilzingsleben 2007 als Fundort des Mosbacher Löwen.

Weimar-Süßenborn: In den Kieslagern von Weimar-Süßenborn sind zahlreiche Reste von Säugetieren – wie Elefanten, Nashörner, Hirsche, Wildpferde, Raubtiere – aus dem Eiszeitalter gefunden worden. Bei den Kiesen handelt es sich um Ablagerungen der Ilm, die nach Angaben des Weimarer Paläontologen Lutz Maus etwas älter als 600.000 Jahre sind. Alain Argant, Jacqueline Argant, Marcel Jeannet (Frankreich) und Margarita Erbajeva (Russland) erwähnten Süßenborn 2007 als Fundort des Mosbacher Löwen und des Europäischen Jaguars (*Panthera onca gombaszoegensis*).

Funde vom Höhlenlöwen (*Panthera leo spelaea*):

Baden-Württemberg

Aufhausener Höhle bei Geislingen an der Steige (Kreis Aalen) auf der Schwäbischen Alb: Aus der Aufhausener Höhle sind Fossilien vom Fellnashorn, von der Höhlenhyäne, vom Höhlenlöwen, Mammut und von anderen eiszeitlichen Tieren bekannt.

Bärenhöhle bei Sonnenbühl-Erpfingen (Kreis Reutlingen) auf der Schwäbischen Alb: 1834 wurde die Karlshöhle entdeckt, 1949 stieß man auf die Verbindung zur Bärenhöhle. Die Karlshöhle gilt als die erste Höhle auf der Schwäbischen Alb, in der Reste von Höhlenbären gefunden wurden. 1949/1950 hat man in der Bärenhöhle den Oberarmknochen eines erwachsenen Höhlenlöwen geborgen.

Bocksteinschmiede im Lonetal bei Rammingen (Alb-Donau-Kreis): Zum Fundgut der Bocksteinschmiede, dem Vorplatz der Höhle Bocksteinloch, gehören einige Zähne und postkraniale Skelettreste, vor allem Fingerknochen (Phalangen) vom Höhlenlöwen. Als postkranial werden alle Skelettteile unterhalb des Schädels bezeichnet. Die Funde von der Bocksteinschmiede werden in der Archäologischen Sammlung des Ulmer Museums aufbewahrt. Der Name Bocksteinschmiede beruht darauf, dass dort eine Steinschlägerwerkstätte nachgewiesen wurde.

Brühl (Rhein-Neckar-Kreis): In einer Kiesgrube des Rheintals in der Gemarkung Edingen bei Brühl unweit von Mannheim wurden am 27. September 1979 in etwa 18 Meter Tiefe Fragmente eines großen Höhlenlöwen-Schädels entdeckt. Diese Fragmente stammen aus einer lehmig-tonigen Lage, bei der es sich vermutlich um eine Flussablagerung aus dem Oberpleistozän handelt. Der Originalfund wird im Staatlichen Museum für Naturkunde Stuttgart aufbewahrt. In der Ausstellung rund um den „Löwenmenschen" aus der Höhle Hohlenstein-Stadel im Ulmer Museum ist eine Kopie des teilweise rekonstruierten Höhlenlöwen-Schädels zu sehen. Für die Rekonstruktion wurde unter anderem ein bezahnter Oberkiefer aus einer anderen Kiesgrube bei Brühl verwendet. In der Gegend von Brühl sind bereits fünf Kiesgruben bekannt, die Löwenreste geliefert haben.

Göpfelsteinhöhle bei Veringenstadt (Kreis Sigmaringen): In dieser Höhle wurden Reste zahlreicher Raubtiere (Höhlenhyäne, Höhlenbär, Wolf, Vielfraß, Steppeniltis, Höhlenlöwe) und Pflanzenfresser (Wildpferd, Fellnashorn, Rentier, Mammut, Steppenbison, Riesenhirsch, Steinbock) entdeckt.

Große Grotte im Blautal bei Blaubeuren (Alb-Donau-Kreis): Zum Fundgut dieser Grotte gehören neben vielen Resten von Höhlenbären auch drei Fossilien vom Höhlenlöwen.

Gutenberg-Höhle bei Lenningen im Ortsteil Gutenberg (Kreis Esslingen) auf der Schwäbischen Alb: Die Gutenberg-Höhle wurde 1888/1889 bei Grabungen in ihrer Eingangshalle, dem so genannten Heppenloch, entdeckt. Der Name der Gutenberg-Höhle erinnert an den Wirkungsort von Pfarrer Karl Gußmann (1853–1928) aus Gutenberg, der Vorstand des im August 1889 gegründeten „Schwäbischen Höhlenvereins" war. Zur so genannten „Heppenloch-Fauna" gehören Höhlenbär, Braunbär, Höhlenlöwe, Wildpferd, Steppennashorn, Wildschwein, Rothirsch, Damhirsch, Reh und Affe. Alain Argant, Jacqueline Argant, Marcel Jeannet (Frankreich) und Margarita Erbajeva (Russland) erwähnten das Heppenloch 2007 als Fundort des Mosbacher Löwen.

Heitersheim (Kreis Breisgau-Hochschwarzwald): 1922 wurde

in den „Mitteilungen des Grossherzogtums der Badenischen Geologischen Landesanstalt" ein Höhlenlöwenfossil aus dem Löss von Heitersheim bekannt gemacht.

Hohlenstein-Stadel im Lonetal bei Asselfingen (Alb-Donau-Kreis): In Schichten aus dem Mittelpaläolithikum (etwa 125.000 bis 35.000 Jahre) und dem Jungpaläolithikum (ungefähr 35.000 bis 10.000 Jahre) des Hohlenstein-Stadel befanden sich Zähne und postkraniale Skelettreste vom Höhlenlöwen. Diese Funde werden in der Archäologischen Sammlung des Ulmer Museums aufbewahrt. In diesem Museum ist auch die vor etwa 32.000 Jahren aus Mammutelfenbein geschnitzte Figur des so genannten „Löwenmenschen" aus dem Hohlenstein-Stadel zu bewundern.

Huttenheim, ein Stadtteil von Philippsburg im Kreis Karlsruhe: In einer Kiesgrube im Rheintal bei Huttenheim kam am 5. Juni 1973 das Teilskelett eines Höhlenlöwen zum Vorschein. Es gilt als einer der besten Skelettfunde von *Panthera leo spelaea* in Deutschland. Insgesamt sind 36 Knochen aus allen Körperregionen vorhanden. Der Oberschädel dieses Höhlenlöwen ist 36,7 Zentimeter lang. Das Teilskelett aus der Gegend von Huttenheim wird im Staatlichen Museum für Naturkunde Stuttgart aufbewahrt.

Kogelstein bei Blaubeuren (Alb-Donau-Kreis): In der Gegend der kleinen Höhle am Kogelstein konkurrierten in der Würm-Eiszeit vor etwa 50.000 Jahren Neandertaler mit Hyänen und anderen Raubtieren um Jagdbeute. Herdentiere wie Rentier, Wildpferd oder Mammut mussten auf dem Weg zur Tränke am Schmiechener See eine Engstelle beim Kogelstein passieren. Vom Fundort Kogelstein soll der Speichenknochen eines Höhlenlöwen stammen. Dieses Fossil könnte aber auch von einem anderen Fundort stammen.

Rekonstruktion des Steinheim-Menschen
(Homo steinheimensis):
Dabei handelt es sich um eine Frau,
deren etwa 300.000 Jahre alter Schädel
1933 in Steinheim an der Murr entdeckt wurde.

Steinheim an der Murr (Kreis Ludwigsburg): Im Tal zwischen Steinheim und dem Fluss Murr hat man lange Zeit fossilreiche Kiese und Sande abgebaut, die im Eiszeitalter von Murr und Bottwar abgelagert worden sind. Als erster aufsehenerregender Fund kam dort im Sommer 1910 das fast vollständige Skelett eines Steppenelefanten zum Vorschein. Weltweit bekannt wurde Steinheim durch den am 24. Juli 1933 entdeckten etwa 300.000 Jahre alten Schädel des Steinheim-Menschen (*Homo steinheimensis*). Die Löwenreste aus dem unteren und oberen Teil der Schotter von Steinheim an der Murr könnten von frühen Höhlenlöwen oder deren Vorgängern stammen. Nach Auskunft von Thomas Rathgeber vom Staatlichen Museum für Naturkunde Stuttgart handelt es sich bei den Löwenresten aus Steinheim an der Murr um „ein Schädelfragment, zwei Unterkieferäste (darunter das im Urmensch-Museum in Steinheim präsentierte Schaustück), einzelne Eckzähne, wenige Langknochenfragmente, wenige Reste des distalen Extremitäten-Skeletts". Diese Löwenreste wurden im Gebiet der Kiesgruben von Steinheim an der Murr vor allem in den 1920-er und 1930-er Jahren gefunden, weitere in den 1950-er Jahren.

Stuttgart-Bad Cannstatt: Der erste Fund von Löwenresten in Württemberg glückte im Jahre 1700 bei der von Herzog Eberhard Ludwig (1676–1733) befohlenen Mammutgrabung in Cannstatt nahe der Uffkirche. Dabei handelte es sich um einige Zähne und zwei Zehenglieder vom Höhlenlöwen. Zu Beginn des 19. Jahrhunderts kamen einige Löwenfossilien vom Seelberg in Cannstatt dazu. Letztere wurden von Georg Friedrich von Jäger (1785–1866) in seinem Werk über die fossilen Säugetiere Württembergs abgebildet.

Stuttgart-Untertürkheim: Im Travertin-Steinbruch Biedermann in Stuttgart-Untertürkheim kamen zahlreiche Knochenreste von Höhlenlöwen aus der Eem-Warmzeit (etwa 127.000 bis 115.000 Jahre) zum Vorschein.
Im Dezember 1928 und im Januar 1929 wurden in der „Steppennagerschicht" Skelettteile vom Höhlenlöwen geborgen. Weitere Reste vom Höhlenlöwen übergab der Steinbruchbesitzer Hermann Biedermann (1901–1964) am 22. Mai 1929 dem Stuttgarter Museum. An diesen Knochen sind keine Bissspuren von Höhlenhyänen zu erkennen. Sie stammen also nicht vom Hyänenfressplatz aus der „Steppennagerschicht" von Stuttgart-Untertürkheim.
1929 wurde im Unteren Travertin des Steinbruches Biedermann der „Baumstammschlot S1" entdeckt. Er hatte eine Höhe von

etwa 1,50 Metern und einen Durchmesser im oberen Bereich von etwa 0,65 Meter. Unter dem Stamm, etlichen Zweigen, Blättern und Wurzeln befand sich ein großer, waagrechter Hohlraum mit Flussgeröllen sowie mit Tierresten. Die Tierknochen stammen von Amphibien (Erdkröte, Wasserfrosch), Reptilien (Eidechse, Ringelnatter), Vögeln (Gans), Säugetieren (Igel, Maulwurf, Hase, Feldmaus, Erdmaus, Rothirsch, Nashorn, Höhlenlöwe). Vom Höhlenlöwen sind Teile des Schädels, des Unterkiefers, Zähne und ein Schwanzwirbel erhalten geblieben. Es handelte sich um ein Jungtier mit einem Alter von ein bis zwei Monaten, bei dem noch nicht alle Milchzähne durchgebrochen waren. Werkzeuge mit Schlagspuren und ein Rothirsch-Unterkieferbruchstück mit Schnittspuren belegen menschliche Aktivitäten in der Umgebung von „Baumstammschlot S1".

1930 stieß man in der Nordwestwand des Travertinsteinbruches Biedermann auf den „Baumstammschlot S2". Er enthielt neben Resten vom Riesenhirsch, Reh, Rothirsch, Auerochsen oder Wisent auch Teile des Beckens und ein Fersenbein von einem Höhlenlöwen. Schnittspuren an einem Fersenbein vom Riesenhirsch verraten, dass Menschen zumindest in der Nähe waren. Unklar ist, ob der Großteil der Knochen größerer Säugetiere durch Menschen oder Tiere in den Baumstamm-Hohlraum gebracht wurden.

Eine Neuinventarisation der Löwenfossilien aus Stuttgart-Untertürkheim in den Jahren 1994 und 1995 im Staatlichen Museum für Naturkunde Stuttgart erfasste 53 Positionen. Entdecker dieser Höhlenlöwenreste waren der Steinbruchbesitzer Hermann Biedermann und der Stuttgarter Paläontologe Fritz Berckhemer (1890–1954).

Stuttgart-Zuffenhausen: Der Stuttgarter Paläontologe Fritz Berckhemer erwähnte 1927 unveröffentlichte württembergische Löwenfunde aus den Sanden von Renningen und Neckarems sowie aus dem Löss von Zuffenhausen.

Sibyllenhöhle (auch Sibyllenloch) auf der Teck (Kreis Esslingen): Zum rund 10.000 Objekte umfassenden Fundgut der in einer Felswand am Teckberg hoch über der Stadt Owen gelegenen Höhle gehören neben schätzungsweise 2000 Höhlenbärenresten auch 73 Höhlenlöwen-Fossilien, die von vier Tieren stammen sollen. Thomas Rathgeber und Achim Lehmkuhl schrieben in einem Aufsatz über die Sibyllenhöhle: „ Ein gewaltiges Exemplar des Höhlenlöwen lieferte eine nachträgliche Bestätigung des furchterregenden „Burria", den David Friedrich Weinland (1829–1915) vorausschauend bereits 1878 in seinem Roman „Rulaman" auf der Schwäbischen Alb angesiedelt hatte." Die Sybillenhöhle ist schon 1531 von Schatzgräbern aufgesucht worden. Der Name dieser Höhle erinnert an die so genannte „Sibylla von der Teck", die einst darin gewohnt haben soll.

Bayern

Bärenhöhle bei Neukirchen-Lockenricht (Kreis Amberg-Sulzbach) nahe Sulzbach-Rosenberg in der Oberpfalz: Die Bärenhöhle bei Lockenricht wurde bereits 1967 in einer Publikation des Nürnberger Gymnasialprofessors und Höhlenforschers Fritz Huber (1903–1984) als Höhlenlöwen-Fundort erwähnt. Er hatte diesen Hinweis von dem Nürnberger Kartographen und Höhlenforscher Richard Spöcker (1897–1975) erhalten. Im Oktober 1976 entdeckte man im linken hinteren Teil der Bärenhöhle eine Fortsetzung. Dort gab es einen engen, mit nassem Lehm gefüllten Anstieg und einen engen Durchschlupf, dem unmittelbar eine fossilführende Schicht folgte. Neben Zähnen und Extremitätenknochen vom Höhlenbär konnte auch ein Kieferfragment vom Höhlenlöwen geborgen werden.

Breitenfurter Höhle in Breitenfurt (Kreis Eichstätt) in Oberbayern: Die Breitenfurter Höhle (auch Pulverhöhle oder Gam-

pelberghöhle genannt) wurde 1911 entdeckt, als der Breitenfurter Hauptschullehrer Wohlmuth auf dem Höhlenvorplatz eine
kleine Terrasse mit Vorgärtchen anlegte. Der Baumeister und
Heimatforscher Carl Gumpert (1878–1955) aus Ansbach führte 1949/1950 Grabungen durch. 1982 folgten Nachuntersuchun-
gen durch das Bayerische Landesamt für Denkmalpflege. Zum
Fundgut aus der Breitenfurter Höhle gehören mehr als 10.000
Tierknochen, Steinwerkzeuge und Keramikreste aus unterschiedlichen Zeiten. Die Tierreste stammen vom Mammut, Rentier, Fellnashorn, Steinbock, Höhlenbär, der Höhlenhyäne und
vom Höhlenlöwen. Im Geozentrum Nordbayern, Fachgruppe
PaläoUmwelt, Erlangen (ehemals: Institut für Paläontologie),
werden ein Zahn, ein rechtes Schienbeinfragment, ein Handwurzelknochen und zwei Fußwurzelknochen vom Höhlenlöwen
aufbewahrt.

Breitenwinner Höhle bei Velburg (Kreis Neumarkt) in der Oberpfalz: Über einen Besuch von 25 Bürgern aus Amberg mit Lei-
tern, Schnüren zur Wegmarkierung, Laternen, Feuerzeug, Pi-
ckel, Brot und Wein in der Breitenwinner Höhle anno 1535 hat
der Rentmeister Berthold Puchner aus Amberg einen Bericht
verfasst. Eine „Innere Abbildung der Berghöhle bey Breden-
winde in der oberen Pfalz" war 1786 in der Publikation „Chur-
pfalzisches Intelligenzblatt" zu sehen. Nach dem Zweiten Weltkrieg geriet die Höhle fast in Vergessenheit, weil sie inmitten
des Truppenübungsplatzes Hohenfels lag und nicht mehr zugänglich war. 1926 wurde die Breitenwinner Höhle von dem
Münchner Paläontologen Max Schlosser (1854–1933) als Fundort von Resten mehrerer Höhlenlöwen erwähnt.

Buchberghöhle bei Münster (Kreis Straubing-Bogen) nördlich
von Straubing in Niederbayern: Die damals bereits zum größten Teil zerstörte Höhle am Buchberg bei Münster wurde 1920
durch den Münchner Prähistoriker Ferdinand Birkner (1868–
1944) untersucht. In dieser Höhle hatten sich Neandertaler auf-

gehalten. Die Buchberghöhle wurde 1926 von Max Schlosser als Höhlenlöwen-Fundort erwähnt.

Fuchsenloch bei Siegmannsbrunn (Kreis Bayreuth) unweit von Pottenstein in Oberfranken: In der etwa 7,40 Meter langen, rund sieben Meter breiten und bis zu 2,70 Meter hohen Höhle Fuchsenloch führte 1938 der erwähnte Heimatforscher Karl Gumpert Grabungen durch. 1949 folgten Nachgrabungen des Nürnberger Uhrmachermeisters, Feinmechanikers und Heimatforschers Georg Brunner (1887–1959). Die Fauna aus dem Fuchsenloch wurde 1955 durch den Erlanger Paläontologen Florian Heller (1905–1978) publiziert. Außer Siedlungsresten aus der Steinzeit, Eisenzeit und dem Mittelalter hat man auch Fossilien vom Höhlenlöwen geborgen: ein Eckzahnfragment, einen Eckzahn, ein Kieferfragment, einen Schädelrest und einen fragmentarischen Oberarmknochen.

Geisloch bei Oberfellendorf im Markt Wiesenttal-Muggendorf (Kreis Forchheim) in Oberfranken: Aus dem Geisloch holten Alchimisten ab 1630 gelben Höhlenlehm und Tropfsteine, um daraus – wie sie vergeblich hofften – Gold oder Salpeter zur Schießpulverherstellung zu gewinnen. Im Geisloch wurde das rechte Unterkieferfragment eines Höhlenlöwen gefunden.

Gentner-Höhle von Weidelwang bei Pegnitz (Kreis Bayreuth) in Oberfranken: Bei Felssprengungen im Zuge eines Straßenbaus wurde 1932 eine kleine Höhle freigelegt, in der Höhlenbärenknochen sowie Schädel- und Skelettreste eines Höhlenlöwen zum Vorschein kamen: ein fast vollständiger Schädel mit zwei zahnlosen Unterkieferästen, einige Extremitätenknochen, Wirbel und Fußknochen, die alle von einem einzigen Höhlenlöwen stammen. Dieser Fund wird im Geozentrum Nordbayern, Fachgruppe PaläoUmwelt, in Erlangen aufbewahrt. Die Gentnerhöhle ist nach dem damaligen Bürgermeister von Pegnitz, Hans Gentner (1877–1953), benannt.

Goldberg bei Nördlingen (Kreis Donau-Ries): Bei Ausgrabungen des Landesamtes für Denkmalpflege auf dem Goldberg kam 1927 in einer Hohlraumfüllung der linke Unterkiefer eines Höhlenlöwen mit vollständiger Bezahnung zum Vorschein.

Große Ofnet bei Nördlingen-Holheim (Kreis Donau-Ries) in Schwaben: Die Große Ofnethöhle wurde 1912 von den Paläontologen Robert Rudolf Schmidt (1862–1950) und Ernst Koken (1860–1912) als Höhlenlöwen-Fundort erwähnt.

Großes Hasenloch im Oberen Püttlachtal bei Pottenstein (Kreis Bayreuth) in Oberfranken: In der Höhle Großes Hasenloch in der Fränkischen Schweiz fanden 1876 erste und 1937 letzte wissenschaftliche Grabungen statt. Das Große Hasenloch diente Jägern in der Altsteinzeit als Aufenthaltsort. Knochenfunde aus der Höhle belegen, dass in dieser Gegend Mammute, Rentiere, Steinböcke, Höhlenbären, Fellnashörner und Höhlenlöwen lebten.

Großes Schulerloch (Kreis Kelheim) in Niederbayern: In der Höhle Großes Schulerloch bei Kelheim hat in den Jahren 1914 und 1915 der Münchner Prähistoriker Ferdinand Birkner gegraben. Zum Fundgut aus dieser Höhle gehören Werkzeuge von Neandertalern und Reste vom Höhlenlöwen. Die Originale werden in der Bayerischen Staatssammlung für Paläontologie und Geologie in München aufbewahrt.

Höhle am Gerlesberg bei Donauwörth (Kreis Donau-Ries) in Schwaben: Der Erlanger Paläontologe Florian Heller erwähnte 1975 in einer Publikation die Höhle am Gerlesberg bei Donauwörth als bisher unveröffentlichten Höhlenlöwen-Fundort.

Höhle in der Waldabteilung Hochgereut bei Kelheim (Kreis Kelheim): Der Münchner Paläontologe Max Schlosser erwähnte 1926 die Höhle in der Waldabteilung Hochgereut bei Kelheim als Fundort eines Kieferfragments von einem kleinen Höhlenlöwen.

Hohler Fels bei Happurg (Kreis Nürnberger Land) in Mittelfranken: Bei der Höhle Hohler Fels handelt es sich um eine Karsthöhle in etwa 530 Meter Höhe unterhalb des Gipfels des 617 Meter hohen Berges Houbirg. Die etwa 16 Meter lange Höhle steht wegen ihrer Funde aus der Steinzeit und Urnenfelderzeit in der Bayerischen Denkmalliste. Bereits 1913 wurde diese Höhle von dem Nürnberger Amateur-Archäologen Konrad Hörmann (1859–1933) als Höhlenlöwen-Fundort erwähnt.

Kemnathenhöhle bei Kemathen (Kreis Eichstätt) im Altmühltal in Oberbayern: In der Kemathenhöhle wurde der Eckzahn eines Höhlenlöwen gefunden. Nach Ansicht von Adolf Wagner handelt es sich vermutlich um dem Zahn einer Höhlenlöwin.

Kirchenweghöhle oder Krämershöhle bei Oberfellendorf (Kreis Forchheim) in Oberfranken: Der Erlanger Paläontologe Florian Heller erwähnte 1975 in einer Publikation zwei Unterkiefer von Höhlenlöwen aus der Kirchenweghöhle oder Krämershöhle bei Oberfellendorf. Diese Funde sollen im Heimatmuseum von Ebermannstadt aufbewahrt gewesen sein.

Langental im Markt Wiesenttal (Kreis Forchheim) in Oberfranken: Das Kalktufflager im Langental bei Streitberg wurde bereits 1893 von Fridolin Sandberger (1826–1898) in einer Publikation als Höhlenlöwen-Fundort erwähnt. Der Markt Wiesental besteht aus Muggendorf und Streitberg.

Moggaster Höhle in Ebermannstadt (Kreis Forchheim) in Oberfranken: Die erste Beschreibung der Moggaster Höhle erfolgte vermutlich 1774 durch den evangelischen Pfarrer Johann Friedrich Esper (1732–1781) aus Uttenreuth bei Erlangen in seinem

Werk „Ausführliche Nachrichten von neuentdeckten Zoolithen unbekannter vierfüssiger Thiere, und denen sie enthaltenen, so wie verschiedenen anderen, denkwürdigen Grüften der Obergebürgischen Lande des Marggrafenthums Bayreuth". Da er nicht von Erstentdeckung schrieb, dürfte die Höhle schon vorher bekannt gewesen sein. In der Moggaster Höhle sind neben Fossilien von Höhlenbären und Hirschen auch Reste von Höhlenlöwen gefunden worden. Der Erlanger Paläontolologe Florian Heller (1905–1978) erwähnte 1975 folgende Funde, deren Verbleib derzeit nicht bekannt ist: ein Unterkiefer, ein Schulterblatt, eine Elle, zwei Speichen, zwei Beckenfragmente, ein Oberschenkelknochen, fünf Mittelhandknochen, zwei Mittelfußknochen, zwei Fußwurzelknochen, sieben Fingerknochen, ein erster Halswirbel, 16 Wirbel und einige Handwurzelknochen. Adolf Wagner publizierte 1980 einen weiteren Unterkieferfund, dessen Aufbewahrungsort unbekannt ist. Ein fragmentarisch erhaltener Schädel, ein Unterkiefer, ein Kieferbruchstück, drei Vorbackenzähne, zwei Eckzähne, drei Wirbel, ein Oberarmknochen, ein Schienbein, ein Fußwurzelknochen, zwei Mittelhandknochen und sechs Fingerknochen werden in der Universität Erlangen aufbewahrt oder befinden sich in Privatbesitz. Alain Argant, Jacqueline Argant, Marcel Jeannet (Frankreich) und Margarita Erbajeva (Russland) erwähnten die Moggaster Höhle 2007 als Fundort des Mosbacher Löwen.

Höhle im Steinbruch Lobsing bei Neustadt/Donau (Kreis Kelheim) in Niederbayern: Der Erlanger Paläontologe Florian Heller erwähnte 1960 in einer Publikation den Eckzahn eines Höhlenlöwen aus der Höhle im Steinbruch Lobsing bei Neustadt/Donau.

Petershöhle bei Velden im Viehtriftberg (Kreis Nürnberger Land): Die Petershöhle bei Velden wurde nach ihrem Entdekker, dem damals in Nürnberg lebenden Chemiker und Ingenieur Kuno Peters, benannt. Dieser hatte bei Streifzügen mit seinem

Vater, der wiederholt Urlaub in Velden machte, 1907 den Eingang zur Höhle entdeckt. Er informierte die Naturhistorische Gesellschaft zu Nürnberg davon. Von 1914 bis 1918 untersuchte der Nürnberger Amateur-Archäologe Konrad Hörmann (1859–1933) die Höhle. In der Petershöhle bei Velden wurden 21 Reste von Höhlenlöwen gefunden. Darunter sind ein vollständig erhaltener Unterkiefer, ein Unterkiefer mit abgebrochenen Zähnen, eine Oberkieferhälfte, ein Halswirbel, drei Lendenwirbel, ein zerbrochener fragmentarischer Oberarmknochen, ein Sprungbein, drei Mittelhandknochen, fünf Mittelfußknochen, zwei Fersenbeine und zwei Fingerknochen. Die Höhlenlöwen-Fossilien aus der Petershöhle werden in der Sammlung der Naturhistorischen Gesellschaft Nürnberg aufbewahrt. In der Petershöhle bei Velden ist auch der Leopard nachgewiesen.

Räuberhöhle am Schelmengraben bei Waltenhofen unweit von Sinzing (Kreis Kelheim) in Niederbayern: Die Räuberhöhle oder Waltenhofer Höhle befindet sich an der Südseite der Bahnlinie Regensburg–Nürnberg. Sie wurde schon 1872 in einer Publikation des Paläontologen und Geologen Karl Alfred von Zittel (1839–1904) als Höhlenlöwen-Fundort erwähnt.

St. Wolfgangshöhle bei Velburg (Kreis Neumarkt) in der Oberpfalz: Ein Zehenglied von einem Höhlenlöwen aus der St. Wolfgangshöhle bei Velburg wurde schon 1899 von dem Münchner Paläontologen Max Schlosser in einer Publikation erwähnt.

Siegsdorf (Kreis Traunstein) im Chiemgau in Oberbayern: Diese Fundstelle wurde im Sommer 1975 von den Schülern Bernard Bredow und Robert Omelanowski entdeckt. Sie stießen im tonigen Untergrund eines Bachbettes im Gerhartsreiter Graben auf Mammutknochen und bargen nach mehrwöchiger Ausgrabung etwa die Hälfte eines Mammutskelettes. Bei Grabungen unter einem hohen Steilhang ab 1985 kam die fehlende Hälfte des

Mammuts zum Vorschein. 1986 gelang der Fund eines Höhlenlöwen-Skeletts mit einer Kopfrumpflänge von etwa 2,10 Metern und einer Schulterhöhe von etwa 1,20 Metern. Dieser Fund stellt im Naturkunde- und Mammut-Museum Siegsdorf zusammen mit dem Mammut eine der Attraktionen dar. Die Datierung dieses Höhlenlöwen-Skeletts mit der Radiocarbon-Methode ergab ein Alter von etwa 47.000 Jahren. Der Höhlenlöwe von Siegsdorf wurde bald nach seinem Tod in Ablagerungen einer ehemaligen Tränke eingebettet und somit unter Luftabschluss vor Zerstörung bewahrt. Zur Tierwelt von Siegsdorf gehörten auch Wolf, Fellnashorn, Riesenhirsch, Bison und – worauf Koprolithen und viele Bissspuren auf Mammutknochen hindeuten – die Höhlenhyäne.

Sophienhöhle bzw. Klaussteinhöhlen-Komplex im Ailsbachtal bei der Gemeinde Ahorntal (Kreis Bayreuth) nahe Burg Rabenstein unweit von Waischenfeld in der Fränkischen Schweiz: Das Ailsbachtal hat die größte Höhlendichte in der Fränkischen Schweiz. In diesem Tal liegt auch die Sophienhöhle, die zusammen mit dem Ahornloch, der Klaussteinhöhle und der Höschhöhle ein zusammenhängendes Höhlensystem bildet, das man Klaussteinhöhlen-Komplex nennt. Schon seit langer Zeit ist das Eingangsportal des Höhlen-Komplexes, das Ahornloch, bekannt. Sein Name erinnert an das adlige Geschlecht derer von und zu Ahorn, die als erste bekannte Herrscher des Ahorntals gelten und über dem Ahornloch in der Burg Klausstein lebten. Der Name Klaussteinhöhle beruht auf der darüberliegenden Klaussteinkapelle. Dort stand einst auch eine Burg, die aber abgerissen wurde. Ahornloch und Klaussteinhöhle waren jahrtausendelang zugänglich, bis ihre niedrigen Verbindungsgänge durch Ablagerungen und Frostabbrüche vollständig aufgefüllt und deswegen dahinterliegende Höhlenbereiche vergessen wurden. 1788 entdeckte man bei Grabungen im hinteren Teil des Ahornlochs die Klaussteinhöhle wieder. Im Februar 1833 stieß der Kunstgärtner Michael Koch, der im Auftrag von Reichsrat

Franz Erwein Graf von Schönborn-Wiesentheid, Erweiterungen in dessen Höhle durchführte, auf die Sophienhöhle. Der Graf besuchte am 21. Juni 1833 mit seinem ältesten Sohn Erwin und dessen Frau Sophie (geborene Gräfin zu Eltz) die Höhle und benannte sie nach seiner Schwiegertochter. Im August 1837 entdeckte der Müller Christoph Hösch von der nahen Neumühle eine weitere Höhle, die seinen Namen erhielt. Bei Grabungen in der Sophienhöhle in den Jahren 1905 und 1906 kamen Reste von Höhlenbären, Höhlenhyänen und Höhlenlöwen zum Vorschein. Knochengeräte sowie wohlerhaltene Schädel vom Höhlenbären und Höhlenlöwen sollen auch in der Höschhöhle gefunden worden sein.

Steinberg-Höhlenruine oberhalb des Weilers Hunas bei Hartmannshof (Kreis Nürnberger Land) in Mittelfranken: Die Höhlenruine am Osthang des Steinberges von Hunas wurde im Mai 1956 von dem Erlanger Paläontologen Florian Heller entdeckt. Dabei handelt es sich um eine verschüttete und vergessene Höhle, die erst wieder zum Vorschein kam, als ihre lockere Verfüllung durch einen Steinbruchbetrieb angeschnitten wurde. Heller begann noch im Herbst 1956 umfangreiche Ausgrabungen, die er erst im Sommer 1964 ab-schloss. 1983 folgten Grabungen mit neuen verbesserten Methoden. Seit 2006 leitet die Paläontologin Brigitte Hilpert aus Erlangen die Grabungen. Die bisherigen Untersuchungen zeigen, dass die Verfüllung aus einer rund zwölf Meter mächtigen Schichtenfolge besteht, die von einem Sinterboden unterlagert wird. Möglicherweise gehört die Schichtenfolge in das frühe Würm. Zu den aus der Höhle von Hunas nachgewiesenen mehr als 140 Tierarten gehören auch Höhlenbär, Höhlenhyäne und Höhlenlöwe. Besonders wertvoll sind Zähne und Skelettreste von mehreren Affen und der Weisheitszahn eines Neandertalers. Alain Argant, Jacqueline Argant, Marcel Jeannet (Frankreich) und Margarita Erbajeva (Russland) erwähnten Hunas 2007 als Fundort des Mosbacher Löwen, was von manchen Paläontologen bezweifelt wird.

Weinberghöhlen im Wellheimer Tal (Urdonautal) bei Mauern (Kreis Neuburg-Schrobenhausen) in Oberbayern: 1935 erkannte der Lehrer und Kreisheimatpfleger Michael Eckstein (1903–1987) die Bedeutung der Weinberghöhlen bei Mauern als Fundplatz aus der Altsteinzeit. In der Folgezeit fanden mehrere Ausgrabungen statt. In den „Mauerner Höhlen" fand man Reste vom Mammut, Fellnashorn, Rentier, Riesenhirsch, Wildpferd, Steinbock, Höhlenbär, Höhlenlöwen (Unterkieferast), der Höhlenhyäne, Werkzeuge von Neandertalen sowie Steinklingen, Schmuckstücke und eine umstrittene rot eingefärbte „Venusfigur" („Rote von Mauern") von Jetztmenschen aus der Kulturstufe des Gravettien (etwa 28.000 bis 21.000 Jahre).

Zoolithen-Höhle oder Gaillenreuther Höhle im Wiesenttal von Burggaillenreuth bei Muggendorf (Kreis Forchheim) in der Fränkischen Schweiz (Oberfranken): Nach einem Schädelfund aus der Zoolithenhöhle hat 1810 der Arzt und Paläontologe Georg August Goldfuß (1782–1848) den Höhlenlöwen (Panthera leo spelaea) beschrieben. Als Zoolithen (griechisch: zoon = Tier, lithos = Stein) wurden früher Fossilfunde bezeichnet. Nirgendwo sind mehr Höhlenlöwen entdeckt worden als in der Zoolithenhöhle. Insgesamt kamen dort Fossilien von mehr als 25 Höhlenlöwen zum Vorschein. Höhlenlöwen-Reste aus der Zoolithenhöhle befinden sich im Museum für Naturkunde Berlin der Humboldt-Universität (Typusexemplar), in der Universität Erlangen-Nürnberg, im Oberfränkischen Erdgeschichtlichen Museum in Bayreuth und in Privatsammlungen. Zum Fundgut aus der Zoolithenhöhle gehören auch Fossilien vom Höhlenbär, der Höhlenhyäne, vom Leopard (zwei linke Unterkiefer und einige Skelettreste), Luchs, der Wildkatze und vielen anderen eiszeitliche Tieren.

Eingang zur Zoolithen-Höhle oder Gaillenreuther Höhle
im Wiesenttal von Burggaillenreuth
bei Muggendorf (Kreis Forchheim)
in der Fränkischen Schweiz (Oberfranken)

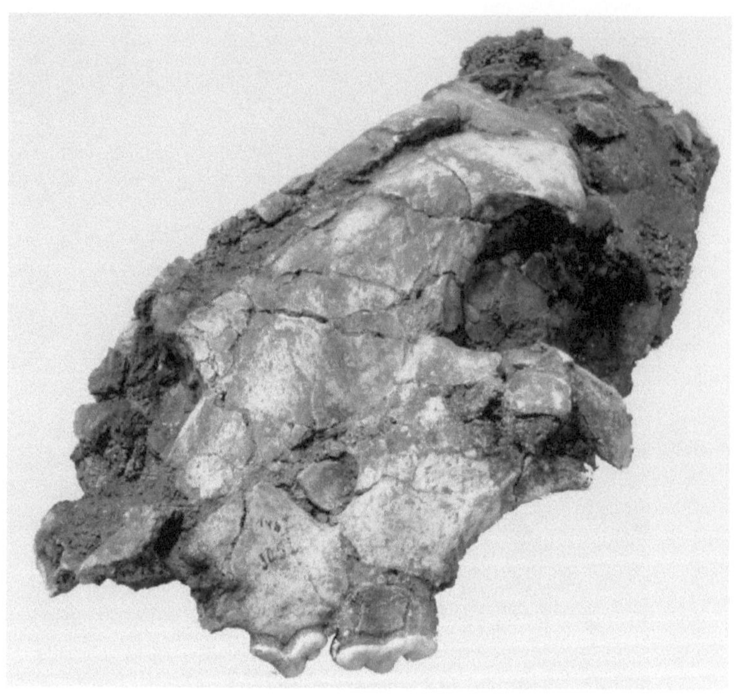

Stark verdrückter Schädel eines Höhlenlöwen aus Wallertheim (Kreis Alzey-Worms) in Rheinhessen. Original im Naturhistorischen Museum Mainz / Landessammlung für Naturkunde Rheinland-Pfalz

Rheinland-Pfalz

Roxheim nördlich Frankenthal (Rhein-Pfalz-Kreis): In oberpleistozänen Rheinkiesen der Kieswerke Gebr. Willersinn in Roxheim nördlich von Frankenthal wurden ein kompletter Oberschädel und ein isolierter Backenzahn vom Höhlenlöwen geborgen. Der Oberschädel befindet sich in der Sammlung von Klaus Reis in Deidesheim, der Zahn in der Sammlung von Ulrich H. J. Heidtke in Niederkirchen (Pfalz).

Schweinskopf-Karmelenberg im Brohltal (Kreis Ahrweiler) nördlich des Laacher Sees in der Osteifel: Vom Vulkan Schweinskopf stammen einige Reste vom Höhlenlöwen (Zahnfragmente und einige Knochen des postcranialen Skelettes). Das Alter dieser Funde liegt bei etwa 180.000 bis 125.000 Jahren, was der vorletzten Kaltzeit (Saale-Eiszeit bzw. Riss-Eiszeit) entspricht.

Wallertheim (Kreis Alzey-Worms) in Rheinhessen: Die Fundstelle Wallertheim in der Ziegelei Schick wurde in den 1920-er Jahren durch den Zoologen und Direktor des Naturhistorischen Museums Mainz, Otto Schmittgen (1870–1938), ausgegraben. Im ehemaligen Sumpfgebiet von Wallertheim hat man die meisten Jagdbeutereste von Wisenten in Deutschland zur Zeit der späten Neandertaler vor etwa 70.000 Jahren entdeckt. Zum Fundgut gehören etwa 20 Höhlenlöwen-Reste (darunter ein stark verdrückter, etwa 36 Zentimeter langer Schädel, einige Unterkieferreste, Knochen des Hand- und Fußskelettes). Die Funde aus Wallertheim werden im Naturhistorischen Museum Mainz aufbewahrt.

Hessen

Breitscheid-Erdbach (Lahn-Dill-Kreis) im Westerwald: Bei Breitscheid wurde 1993 das riesige Herbstlabyrinth-Advent-höhlen-System entdeckt. Dieses erstreckt sich über vier Etagen mit Tiefen zwischen etwa 350 und 420 Metern sowie über eine Länge von etwa 6000 Metern. Zwischen 1998 und 2000 wollten Höhlenforscher herausfinden, wo der über diesem Höhlensystem befindliche Erdbach entwässert und entdeckten dabei Hohlräume mit Fossilien. Fachlich betreut wurden diese Untersuchungen von Thomas Kaiser (damals in Greifswald, heute Hamburg) und Walter Tanke vom Museum für Naturkunde Dortmund. Die Fossilien von Breitscheid-Erdbach stammen von Fischen, Fledermnäusen, Hasenartigen, Nagetieren, Marderartigen, Wildpferden, einem Nashorn, Höhlenbären und von einem Höhlenlöwen. Die Raubkatze ist durch das Ellenfragment eines ausgewachsenen Tieres belegt, das mindestens vier Jahre alt gewesen ist.

Hessenaue (Kreis Groß-Gerau) bei Darmstadt: In jungpleistozänen Ablagerungen des Rheins glückte der Fund eines Schienbeins von einem Höhlenlöwen mit einer schweren Entzündung des Knochenmarks. Diese Raubkatze war jagdunfähig, bis das Schienbein verheilte. Der Originalfund wird im Hessischen Landesmuseum Darmstadt aufbewahrt.

Rheinschotter in Hessen: Im Hessischen Landesmuseum Darmstadt werden ein Schädelfragment, ein Schulterblattfragment, ein Unterkieferfragment mit einem Zahn (Prämolar) und ein Oberarmknochenfragment) von Höhlenlöwen aus Rheinschottern in Hessen aufbewahrt.

Riedstadt-Erfelden (Kreis Groß-Gerau): Ein Höhlenlöwen-Fund aus glazialen Ablagerungen des Altrheins bei Riedstadt-Erfelden wird bereits in alter Fachliteratur erwähnt.

Villmar (Kreis Limburg-Weilburg): Aus einer Karstschlotte bei Villmar – im Bereich „Überlahn" vor dem Unica-Bruch – wurde 1911 der Unterkiefer eines Höhlenlöwen geborgen. Diesen Fund hat man zunächst im Geologischen Institut der Universität Marburg ausgestellt und nach dessen Schließung dem Lahn-Marmor-Museum in Villmar als Dauerleihgabe übergeben.

Wiesbaden: Im Gebiet von Wiesbaden wurden nicht nur Reste von Mosbacher Löwen, sondern auch von Höhlenlöwen gefunden. Die Inventarliste des Museums Wiesbaden erwähnt einen Oberkiefer und einen Eckzahn vom Höhlenlöwen aus dem Löss von Wiesbaden-Schierstein, einen Halswirbelfund von 1873 aus einer Sandgrube von Wiesbaden (Biebricher Allee) und einen Beckenknochen aus den Mosbach-Sanden.

Wildscheuerhöhle bei Runkel-Steeden (Kreis Limburg-Weilburg): Die letzte Grabung in der Wildscheuerhöhle, die einst in einer zum Lahntal führenden Schlucht lag, erfolgte 1953. Anschließend wurde die Höhle durch einen Steinbruchbetrieb abgebaut und zerstört. Auf der Inventarliste des Museums Wiesbaden sind drei Unterkieferreste und ein Eckzahn mit der Fundortangabe „Steeden Knochenhöhle" erwähnt.

Wildscheuerhöhle bei Runkel-Steeden (Kreis Limburg-Weilburg). Die Höhle wurde durch einen Steinbruchbetrieb zerstört.

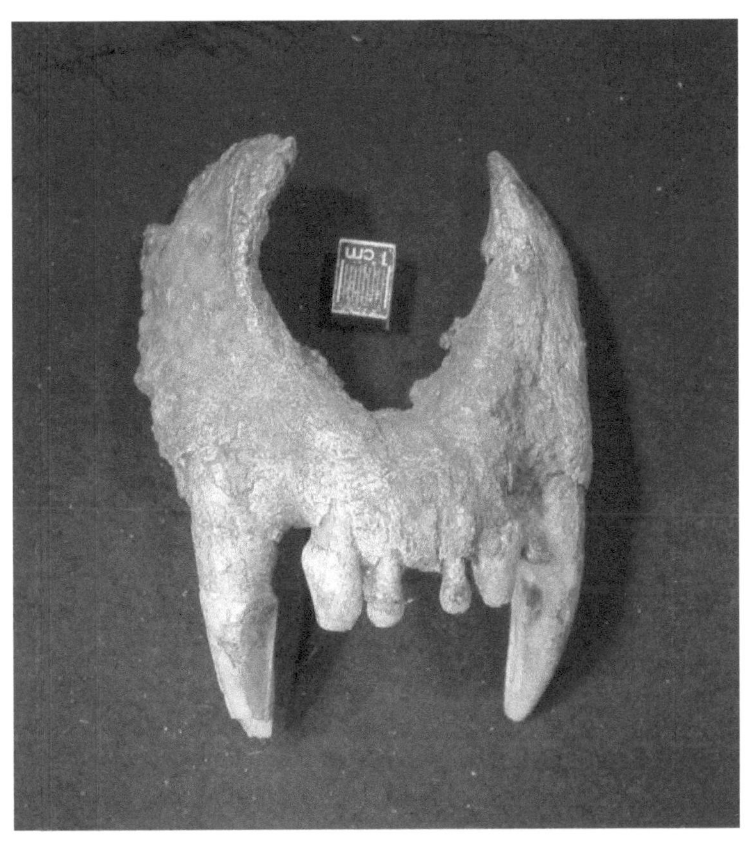

Oberkiefer eines Höhlenlöwen aus dem Löss von Wiesbaden-Schierstein. Original im Museum Wiesbaden.

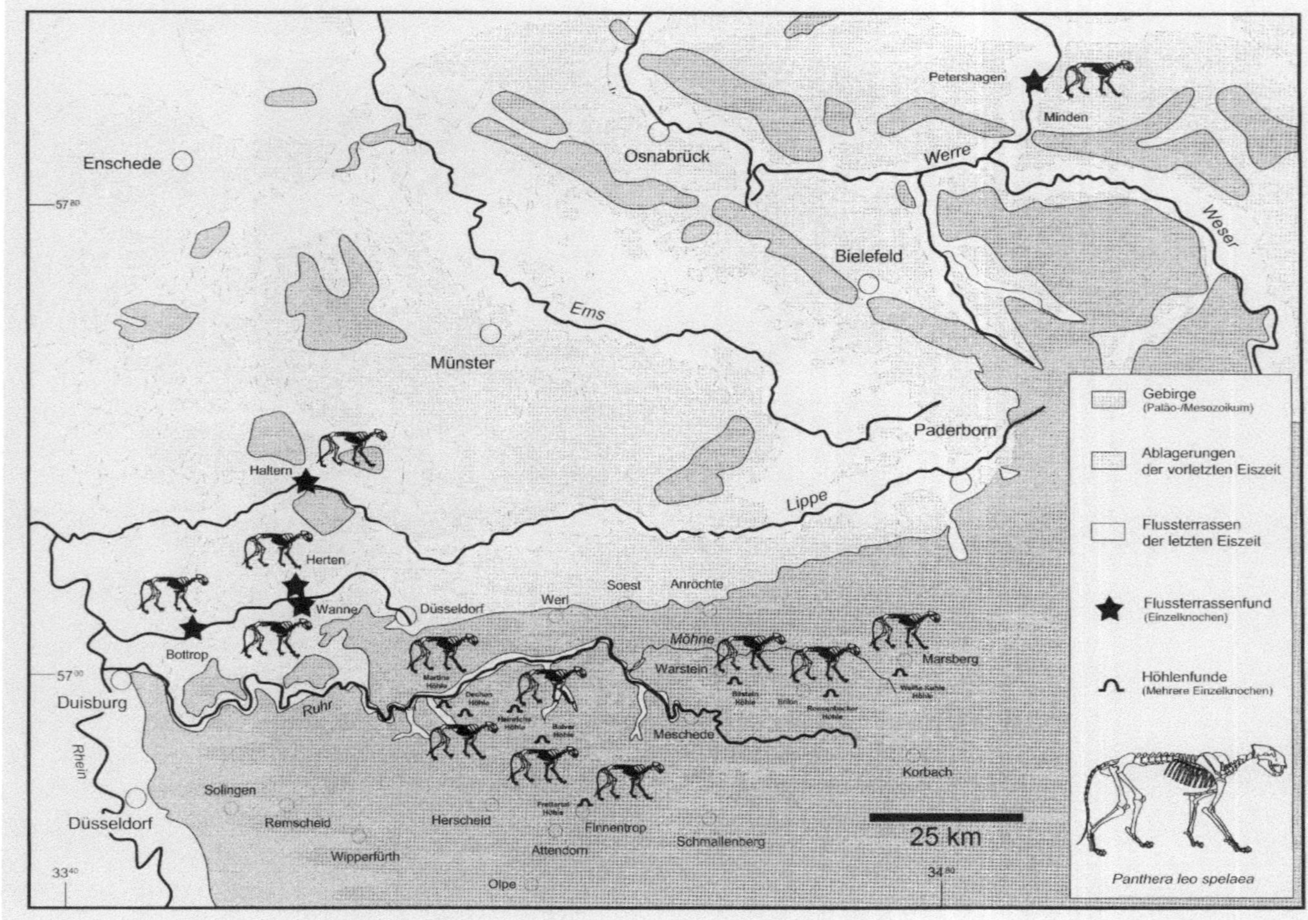

Enschede
Osnabrück
Petershagen
Minden
Werre
Weser
Bielefeld
Ems
Münster
Paderborn
Haltern
Lippe
Herten
Wanne
Düsseldorf
Werl
Soest
Anröchte
Möhne
Marsberg
Warstein
Bottrop
Duisburg
Ruhr
Meschede
Rhein
Korbach
Solingen
Herscheid
Remscheid
Finnentrop
Düsseldorf
Wipperfürth
Attendorn
Schmallenberg
Olpe
Martins Höhle
Dechen Höhle
Heinrichs Höhle
Bilstein Höhle
Brilon
Reckenbacher Höhle
Warte-Kahle Höhle
Balver Höhle
Feldtarsal Höhle
57 80
57 00
33 40
34 80
Gebirge
(Paläo-/Mesozoikum)
Ablagerungen
der vorletzten Eiszeit
Flussterrassen
der letzten Eiszeit
Flussterrassenfund
(Einzelknochen)
Höhlenfunde
(Mehrere Einzelknochen)
25 km
Panthera leo spelaea

Nordrhein-Westfalen

Balver Höhle im Hönnetal bei Balve (Märkischer Kreis): Aus dem Hönnetal sind zahlreiche Höhlen bekannt: Außer der Balver Höhle auch die Frühlinghauser Höhle, Kepplerhöhle, Preuß-Höhle, Dahlmannshöhle, Volkringhauser Höhle, Karhofhöhle, Burschenhöhle, Reckenhöhle, Leichenhöhle, Honerthöhle, Feldhofhöhle, Friedrichshöhle und Burghöhle. Die Balver Höhle wird seit 1843 erforscht. Ein Höhlenlöwen-Knochen von dort liegt im Magazin des Museum für Ur- und Ortsgeschichte (Quadrat Bottrop). Zum Fundgut einer Grabung von 1939 gehören drei Schädel von Höhlenlöwen mit jeweils fehlendem Frontale (Schädelknochen an der Vorderseite des Schädels) und Maxillare (Oberkieferknochen). Zwei der Schädel werden im LWL-Museum für Archäologie in Herne und einer im Museum in Arnsberg aufbewahrt. 1939 wurden in der Balver Höhle auch Mittelhandknochen und Fingerknochen von Höhlenlöwen entdeckt. Die Balver Höhle ist eine der bedeutendsten Fundstellen mit Hinterlassenschaften von Neandertalern in Deutschland.

Bilsteinhöhle bei Warstein (Kreis Soest) im Sauerland: Die Tierknochen aus dieser Höhle im Bilsteinfelsen stammen überwiegend aus der Weichsel-Eiszeit (etwa 115.000 bis 11.700 Jahre) und vor allem von Höhlenbär, Höhlenlöwe, Höhlenhyäne und Rentier. Die im September 1887 von dem Waldarbeiter Franz Kersting bei Wegebauarbeiten entdeckte Höhle dient seit 1888 als Schauhöhle.

Bocholter Aa, Nebenfluss der Oude IJsseel: Am Fundort Bocholter Aa wurde um 1985 der fast unbeschädigte Unterkiefer eines Höhlenlöwen entdeckt. Der Originalfund wird im Heimatmuseum Borken aufbewahrt, eine Kopie befindet sich im Museum für Ur- und Ortsgeschichte (Quadrat Bottrop).

Seite 172: Fundorte von Höhlenlöwen in Nordrhein-Westfalen

Bottrop: Bei Baggerarbeiten am Rhein-Herne-Kanal in den Jahren zwischen 1958 und 1976 sammelte der Paläontologe Arno Heinrich aus Bottrop zahlreiche Knochenfunde von Höhlenlöwen. Diese Funde werden im Museum für Ur- und Ortsgeschichte (Quadrat Bottrop) aufbewahrt.

Bottrop-Welheim: 1992 wurde auf der Baustelle für ein Nachklärbecken der Emscher-Kläranlage Bottrop-Welheim von Martin Walders die rund zehn Meter lange Fährte eines Höhlenlöwen aus der Weichsel-Eiszeit entdeckt und ausgegraben. Diese Löwenspuren sind etwa 35.000 bis 42.000 Jahre alt und in der Eiszeithalle des Museums für Ur- und Ortsgeschichte (Quadrat Bottrop) ausgestellt.

Dorsten (Kreis Recklinghausen): Im Fluß Lippe in Dorsten wurde spätestens 1980 der rechte Beckenknochen eines Höhlenlöwen entdeckt. Der Knochen wird im Museum für Ur- und Ortsgeschichte (Quadrat Bottrop) aufbewahrt.

Essen-Vogelheim: 1926 wurden bei Ausschachtungsarbeiten für den Essener Stadthafen eine Feuersteinklinge („Vogelheimer Klinge") und der zweite Mittelfußknochen eines Höhlenlöwen aus der Saale-Eiszeit (etwa 330.000 bis 127.000 Jahre) entdeckt. In alter Literatur heißt es, der Mittelfußknochen des Essener Höhlenlöwen sei vom Feuer angekohlt gewesen, was heute stark bezweifelt wird. Schwarzfärbungen an den Knochen im Emschertal sind nicht ungewöhnlich.

Frettertalhöhle bei Finnentrop (Kreis Olpe) im Sauerland: Die Frettertalhöhle wird von dem Paläontologen Cajus G. Diedrich in einem Aufsatz der Zeitschrift „Philippia" (Abhandlungen und Berichte aus dem Naturkundemuseum im Ottoneum zu Kassel) von 2004 als Höhlenlöwen-Fundort erwähnt.

Haltern (Kreis Recklinghausen): Im Kies des Flusses Lippe bei

Haltern wurde das Hinterhaupt eines Höhlenlöwen geborgen. Dieses Fossil wurde 1983 irrtümlich einer Höhlenhyäne zugeschrieben, aber 2004 von Cajus G. Diedrich als Höhlenlöwe identifiziert. Er deutet eine kleine Knochenwucherung im Bereich des Scheitelkammes als teilverheilte Bissverletzung. Der seltene Fund wird im Geologisch-Paläontologischen Museum der Westfälischen Wilhelms-Universität Münster aufbewahrt.

Heinrichshöhle im Stadtteil Sundwig von Hemer (Märkischer Kreis) im Sauerland: Die Heinrichshöhle wurde 1812 offiziell von Heinrich von der Becke entdeckt, dem das Grundstück gehörte, auf dem diese Höhle lag. In Wirklichkeit war sie aber nach Angaben von Anwohnern schon lange vorher bekannt. Schon 1771 zeigte eine Karte den Eingang der Höhle, die von dem Paläontologen Cajus G. Diedrich in der Kasseler Publikation „Philippia" 2004 als Höhlenlöwen-Fundort erwähnt wird. 1804 entdeckten der Paläontologe Georg August Goldfuß (1782–1848) und der Geologe Johann Jacob Nöggerath (1788–1877) in der Heinrichshöhle 18 komplette Höhlenbären-Skelette, die vermutlich bei Überschwemmungen in die Höhle gespült wurden,

Herne-Wanne (zeitweilig ein Teil von Wanne-Eickel): Der in Herne-Wanne entdeckte rechte Oberkieferast eines Höhlenlöwen stammt von einem erwachsenen Tier. Der Fund wird im Geologisch-Paläontologischen Museum der Westfälischen Wilhelms-Universität Münster aufbewahrt.

Herten (Kreis Recklinghausen): In Herten kamen etliche Reste von Höhlenlöwen im Freiland zum Vorschein: ein Unterkiefer und ein Mittelfußknochen (Fund von 1936) aus Herten (Stuckenbusch) sowie der linke Oberkieferast eines alten Tieres aus Herten (mit unrichtiger Fundortangabe Bilstein-Höhle im Sauerland). Die dunkelbraune Knochenerhaltung des linken Oberkieferastes ist – laut Cajus G. Diedrich – mit Funden aus dem Emscherkiesen identisch und untypisch für Höhlenfunde. Diese Funde werden im Geologisch-Paläontologischen Museum der Westfälischen Wilhelms-Universität Münster aufbewahrt.

Kamp-Lintfort (Kreis Wesel): Auf der Schotterhalde des Kieswerkes Kölbl bei Kamp-Lintfort wurde 1979 ein fragmentarisch erhaltener linker Oberarmknochen eines Höhlenlöwen gefunden. Der Knochen stammt von einem erwachsenen und kräftigen Tier. Seine Maße übertrafen deutlich diejenigen eines heutigen Löwen aus der Sammlung des Essener Ruhrland-Museums. Dagegen stimmten die Maße gut mit fossilen Höhlenlöwen aus der Zoolithenhöhle von Burggaillenreuth in Bayern überein.

Kempen (Kreis Viersen): In der Kiesgrube Klöster östlich von Kempen entdeckte im Sommer 1978 ein Mitarbeiter ein Schädelfragment von einem Höhlenlöwen. Vom Schädel der Raubkatze blieb nur der Hirnschädel erhalten. Oberkiefer, Hinterhauptsknochen und Jochbögen waren abgebrochen. Es handelte es sich um den Rest eines kräftigen erwachsenen Tieres, das die Maße eines heutigen Löwen aus dem Essener Ruhrland-Museum bei weitem übertrifft.

Kepplerhöhle im Hönnetal bei Balve (Märkischer Kreis) im Sauerland: 1910 hat man beim Bau der Hönnetalbahn die Ostseite des Kepplerberges angeschnitten, wobei Höhlenverzweigungen ans Tageslicht kamen. 1919 wurde durch die Sprengung der Kalkwerke die eigentliche weitverzeigte Höhle erschlossen, die bald darauf (um 1920) für immer zerstört wurde. In der Kepplerhöhle kamen ein rechter Oberarmknochen, ein rechter Oberschenkelknochen und ein linker Schienbeinknochen vom Höhlenlöwen zum Vorschein. Diese Fossilen sowie zahlreiche Mittelfuß- und Zehenknochen befinden sich im Stadtmuseum in Menden.

Martinshöhle in Iserlohn-Oestrich (Märkischer Kreis): Die heute zerstörte Martinshöhle wird von dem Paläontologen Cajus G. Diedrich in der Publikation „Philippia" (Abhandlungen und Berichte aus dem Naturkundemuseum im Ottoneum zu Kassel) von 2004 als Höhlenlöwen-Fundort erwähnt.

Mönkes-Höhle bei Balve (Märkischer Kreis) in Nordrhein-Westfalen: In der Mönkes-Höhle bei Balve hat man 1955 und 1959 je einen Finger- bzw. Zehenknochen vom Höhlenlöwen geborgen. Diese Knochen werden im Museum für Ur- und Ortsgeschichte (Quadrat Bottrop) aufbewahrt.

Petershagen (Kreis Minden-Lübbecke) bei Minden: In der Kiesgrube Brunkhorst bei Petershagen wurde die fast vollständige rechte Elle einer ausgewachsenen Höhlenlöwin entdeckt. Sie stammt aus der ehemaligen Sammlung von Friedrich Brinkmann (1929–1993) und wird im Naturkundemuseum Bielefeld aufbewahrt. Werner Brinkmann, der Bruder von Friedrich Brinkmann, besuchte jedes Wochenende Kiesgruben und sammelte dort Reste eiszeitlicher Tiere.

Roesenbecker Höhle bei Brilon (Hochsauerlandkreis) in: Die Roesenbecker Höhle östlich von Brilon wird von dem Paläontologen Cajus G. Diedrich in der Kasseler Zeitschrift „Philippia" 2004 als Höhlenlöwen-Fundort erwähnt.

Warstein (Kreis Soest): Im Steinbruch Risse bei Warstein wurden folgende Höhlenlöwenreste aus dem Mittelpleistozän gefunden: ein rechter Oberkieferast mit einem Vorbackenzahn, ein erster Backenzahn des rechten Unterkiefers und ein dritter linker Mittelfußknochen. Im Steinbruch Hillenberg bei Warstein kam 1999 ein rechter Unterkieferast mit dem letzten Vorbackenzahn und dem ersten Backenzahn von einem Höhlenlöwen aus dem Oberpleistozän zum Vorschein. Diese Fossilien werden im LWL-Museum für Naturkunde in Münster aufbewahrt.

Weiße Kuhle bei Marsberg (Hochsauerlandkreis): Die Höhle „Weiße Kuhle" bei Marsberg wird von dem Paläontologen Cajus G. Diedrich in der Publikation „Philippia" von 2004 als Höhlen-löwen-Fundort erwähnt. Der Name dieser Höhle stammt von einem Steinbruch, der in alten Urkunden von 1335 als „Alba spelunca" („weiße Höhle") und von 1361 als „witte Kule" be-zeichnet wird. Die Funde von dort werden im Heimatmusem von Marsberg aufbewahrt.

Wilhelmshöhle im Biggetal in Heggen, Gemeinde Finnentrop (Kreis Olpe), im Sauerland: Die im Felsmassiv „Am Hörsten" liegende Höhle wurde am 26. Februar 1874 nach einer Spren-gung entdeckt. Durch einen „starken Bohrschuss von etwa acht bis zehn Pfund Sprengpulver" war ein gewaltiger Kalkstein-block losgelöst worden, der zuvor eine imposante Höhle ver-schlossen hatte. Aus der Wilhelmshöhle – auch Höhle am Hörsten genannt – sind Funde von der Höhlenhyäne und vom Höhlenlöwen bekannt.

Niedersachsen

Einhornhöhle bei Herzberg-Scharzfeld (Kreis Osterode) im Harz: Zu den rund 70 aus der Einhornhöhle bekannten Tier-arten gehören etwa 60 Säugetierarten wie Höhlenbär, Höhlen-löwe und Wolf. Die Höhlenlöwenreste stammen aus der Eem-Warmzeit (etwa 127.000 bis 115.000 Jahre) und aus der Weich-sel-Eiszeit (etwa 115.000 bis 11.700 Jahre). Im Magazin des Niedersächsischen Landesmuseums Hannover werden 15 Knochenreste vom Höhlenlöwen aus der Einhornhöhle aufbe-wahrt: ein Unterkiefer, drei Mittelhandknochen, zwei Ober-schenkelknochen, ein Schienbeinknochen, zwei Sprungbein-knochen, ein Fersenbeinknochen und fünf Mittelfußknochen. Nach einer alten Sage hängt die Entdeckung der Einhornhöhle mit der nahegelegenen Klufthöhle Steinkirche zusammen. In dem von Menschenhand erweiterten hallenartigen Innenraum der Klufthöhle befinden sich eine aus dem Fels gehauene Kanzel und eine Nische für einen Weihwasserbehälter. In der Steinkirche soll in heidnischer Zeit eine alte und weise Frau gelebt und Ratsuchenden geholfen haben. Als sie eines Tages von einem Mönch in schwarzer Kutte in Begleitung von fränkischen Kriegern vertrieben worden sei, habe sie ein Einhorn vor ihren Verfolgern geschützt. Die Frau soll sich der Hexengemeinde auf dem Hexentanzplatz des Brocken angeschlossen haben. Danach sei der schwarze Mönch in einem Erdloch verschwunden, was zur Entdeckung der Einhornhöhle geführt habe. Die 1541 erstmals urkundlich erwähnte Einhornhöhle wurde 1686 von Gottfried Wilhelm Leibniz (1646–1716) besucht. Otto von Guericke (1602–1686), der Bürgermeister von Magdeburg und Erfinder der Luftpumpe, rekonstruierte im 17. Jahrhundert aus Mammutknochen, die vom Zeunickenberg bei Quedlinburg stammten, ein zweibeiniges Einhorn. Zu jener Zeit wurden Tierknochen aus Höhlen oft als Einhorn fehlgedeutet und als Medizin verkauft. Von den insgesamt 610 Metern der Einhornhöhle sind bisher 270 Meter als Schauhöhle erschlossen.

Freden an der Leine (Kreis Hildesheim): 1959 wurden bei Steinbrucharbeiten im Selter bei Freden am Aschenstein zahlreiche Tierknochen entdeckt. Von 1960 bis 1962 erfolgten Ausgrabungen durch den Lehrer Wilhelm Barner (1893–1973). Die Tierknochen befanden sich auf einer nach Nordosten abfallenden Dolomitklippe unter Hangschutt in Ablagerungen (Löss) der Weichsel-Eiszeit. Ursprünglich hatte sich dort offenbar ein Felsüberhang (Abri) befunden, der eingestürzt war und ein ehemaliges Lager von Rentierjägern begraben hatte. Die Tierreste vom Wildpferd, Moschusochsen, Schneehasen und Schneehuhn dokumentieren kaltzeitliche Umweltverhältnissse. Eine Datierung mit der Radiocarbon-Methode ergab ein Alter von etwa 17.000 Jahren, was dem Ende des weichsel-eiszeitlichen Kältehöchststandes entspricht. Am Aschenstein wurde auch der Höhlenlöwe nachgewiesen.

Osterode am Harz, Gipsbruch „Niedersachsenwerk": 1963 wurden bei Baggerarbeiten in einer dabei angeschnittenen Doline je ein Schädel vom Bison und Fellnashorn entdeckt. Bei Grabungen durch Otto Sickenberg (1901–1974) an dieser Stelle kamen auch Knochen vom Wildpferd, Rentier und Höhlenlöwen zum Vorschein. Diese Fossilien und drei Zähne eines Höhlenlöwen werden im Museum Osterode aufbewahrt.

Salzgitter-Lebenstedt: Im Winter 1951/1952 wurde bei Bauarbeiten im Bereich der städtischen Kläranlage von Salzgitter-Lebenstedt im Stadtviertel Krähenwiede ein Lagerplatz von Neandertalern entdeckt. 1952 nahm der Prähistoriker Alfred Tode dort eine erste Grabung vor. 1977 folgte wegen eines Erweiterungsbaus der Kläranlage eine zweite Grabung durch den Archäologen Klaus Grote. Dabei gelang die letztgültige Datierung des Lagerplatzes in die Weichsel-Eiszeit vor etwa 55.000 Jahren. Zum Fundgut von Salzgitter-Lebenstedt gehören Jagdbeutereste, Werkzeuge, Waffen (angespitzte Mammutrippen) und Schädelreste eines Urmenschen. Zu den Funden von 1977 zählten der Eckzahn eines Höhlenlöwen. Außerdem setzte sich die Fauna überwiegend aus Rentier, Mammut, Wildpferd, Steppenwisent und Fellnashorn zusammen, daneben vom Riesenhirsch und Wolf. Die Funde von Krähenriede werden im Braunschweigischen Landesmuseum Wolfenbüttel aufbewahrt.

Thiede (Kreis Wolfenbüttel): Der Zoologe Carl Wilhelm Alfred Nehring (1845–1904) betrieb ab etwa 1874 von Wolfenbüttel aus, wo er damals als Gymnasiallehrer wirkte, Forschungen im nahen Thiede. Er entdeckte zahlreiche fossile Reste von Steppentieren, darunter auch solche vom Höhlenlöwen. Der Unterkiefer des Höhlenlöwen von Thiede wurde bereits 1893 bekannt. Die Funde aus Thiede liegen im Naturhistorischen Museum Braunschweig.

Hamburg

Hamburg-Harburg: Zu den zahlreichen Knochenfunden ober-
pleistozäner Säugetiere aus dem Hamburg-Harburger Urstrom-
tal, aus der die nördlichste eiszeitliche Säugetierfauna Deutschlands bekannt ist, gehört die Elle eines Höhlenlöwen. In dieser
Gegend kamen auch Fossilien vom Mammut, Fellnashorn,
Wisent, Rentier, Riesenhirsch, Elch, Wildpferd und Moschusochsen zum Vorschein.

Schleswig-Holstein

In Schleswig-Holstein sind bisher keine Reste von Höhlenlöwen
entdeckt worden. In diesem von Ablagerungen der ausgehen-
den Weichsel-Eiszeit geprägten Land sind Funde aus der Weichsel-Eiszeit, Eem-Warmzeit und Saale-Eiszeit, in denen man auf
Höhlenlöwen-Fossilien hoffen könnte, sehr selten. Sie liegen
unter mächtigen Sedimentschichten. Paläontologen hoffen auf
Funde, wenn der Nord-Ostsee-Kanal verbreitert und vertieft
wird.

Thüringen

Bad Köstritz (Kreis Greitz): Zum Fundgut von Bad Köstritz
gehören Reste vom Schneehasen, Rentier, Höhlenlöwen, Fellnashorn und Mammut.

Burgtonna (Kreis Gotha): Der fossilienreiche Travertin von
Burgtonna ist schon seit dem 17. Jahrhundert bekannt. Ein Oberkiefer aus der Eem-Warmzeit (etwa 127.000 bis 115.000 Jahre)
von Burgtonna weist – Gebissmerkmalen zufolge – eine Zwi-
schenstellung zwischen altpleistozänen südosteuropäischen und
würm-eiszeitlichen Löwen auf. Das erkannte der Mainzer Zoo-

loge Helmut Hemmer. Der Oberkiefer von Burgtonna wird im Museum für Naturkunde Berlin aufbewahrt. Aus Burgtonna liegen auch einzelne Zähne vom Höhlenlöwen und ein rechtes Ober-kieferfragment von einem Leopard *(Panthera pardus)* vor.

Ilsenhöhle unterhalb der Burg Ranis (Saale-Orla-Kreis) im Orlatal: In Schicht VIII der nach einer Sagengestalt benannten Ilsenhöhle fand man Reste vom Mammut, Fellnashorn, Bison, Wildpferd, Hirsch, Rentier, Höhlenbären, der Höhlenhyäne, vom Höhlenlöwen und einer großen Vogelart.

Kahla im Saaletal (Saale-Holzland-Kreis): In der Ziegeleigrube von Kahla wurde der Unterkiefer eines Höhlenlöwen aus der Weichsel-Eiszeit gefunden.

Lindenthaler Hyänenhöhle in Gera: Die Lindenthaler Hyänenhöhle wurde 1874 bei Steinbrucharbeiten nahe der Gastwirtschaft Lindenthal entdeckt und nach den Ausgrabungen des Geraer Heimatforschers Karl Theodor Liebe (1828–1894) abgebaut. In der Höhle und auf deren Vorplatz fand man viele Reste von Wildpferden, Höhlenhyänen und Fellnashörner sowie merklich seltener vom Höhlenbär, Höhlenlöwen, Mammut, Auerochsen und Rentier. Fast alle Tierknochen tragen Bissspuren von Höhlenhyänen. Vom Höhlenlöwen hat man Zähne entdeckt. Die Funde aus der Lindenthaler Hyänenhöhle stammen aus der Eem-Warmzeit und der Weichsel-Eiszeit.

Saalfeld, Roter Berg (Kreis Saalfeld-Rudolstadt): Am Fundort „Roter Berg" bei Saalfeld wurden Tierreste aus der Eem-Warmzeit (Wildschwein, Nashorn) und Weichsel-Eiszeit (Rentier, Fellnashorn, Mammut) entdeckt. Auch der Höhlenlöwe ist dort nachgewiesen.

Weimar-Ehringsdorf: In Weimar sowie dessen Ortsteilen Ehringsdorf und Taubach ließen aus Muschelkalkhöhen kommende

Quellen in Seitentälern Barrieren aus Süßwasserkalken (Travertin) entstehen. In den bis zu etwa 20 Meter mächtigen Ablagerungen wurden viele Reste fossiler Pflanzen und Tiere aus der Saale-Eiszeit (etwa 300.000 bis 127.000 Jahre), Eem-Warmzeit (etwa 127.000 bis 115.000 Jahre) und Weichsel-Eiszeit (etwa 115.000 bis 11.700 Jahre) eingebettet. Die Erforschung dieser Tierwelt begann bereits im 18. Jahrhundert mit dem Steinbruchbetrieb. Anfang des 19. Jahrhunderts setzten planmäßige Sammeltätigkeit und wissenschaftliche Untersuchungen ein. Von 1909 bis heute bargen Steinbrucharbeiter, Steinbruchbesitzer und der Weimarer Restaurator Ernst Lindig (1869–1934) Fossilien von Pflanzen, Tieren und Urmenschen sowie Steingerät. Zum Fundgut gehören auch Reste von Höhlenlöwen. Besonderheiten sind so genannte Schädelhöhlensteinkerne („fossile Gehirne") aus dem Unteren Travertin von Weimar-Ehringsdorf, die aus Schädeln vom Bison, Reh, Elch, Riesenhirsch, Rothirsch, Nashorn, Wildpferd und Höhlenlöwen stammen.

Weimar-Taubach: Aus mehreren kleinen Steinbrüchen von Taubach wurden ab etwa 1870 Funde von Fossilien bekannt. Deswegen regte der Jenaer Kunsthistoriker Friedrich Klopfleisch (1831–1898) die 1872 tagende Generalversammlung der Deutschen Anthropologischen Gesellschaft zu einer Exkursion nach Taubach an. Danach erfolgte die wissenschaftliche Bearbeitung der bis dahin bekannten Funde. Die meisten Fossilien hat man zwischen den letzten Jahrzehnten des 19. Jahrhunderts bis zum Ersten Weltkrieg (1914–1918) geborgen. Funde aus Weimar-Taubach belegen, dass dort in der Eem-Warmzeit (etwa 127.000 bis 115.000 Jahre) auch Höhlenlöwen und Leoparden *(Panthera pardus)* jagten. Alain Argant, Jacqueline Argant, Marcel Jeannet (Frankreich) und Margarita Erbajeva (Russland) erwähnten Taubach 2007 sogar als Fundort des Mosbacher Löwen.

Sachsen-Anhalt

Baumannshöhle am linken Ufer des Flusses Bode bei Rübeland (Kreis Harz): Der Bergmann Friedrich Baumann entdeckte 1536 bei der Suche nach Erz eine große Höhle, aus der er erst nach Tagen wieder herausfand. Bereits 1620 berichtete der Prior und Rektor Ekstein über umfangreiche Knochenfunde aus der Baumannhöhle. Seit 1646 dient die Baumannhöhle als Schauhöhle. Zwei der vielen Besucher waren Zar Peter I. der Große (1672–1725) und Johann Wolfgang von Goethe (1749–1832). Die Baumannshöhle gilt als älteste Schauhöhle der Welt. In ihr ist neben zahlreichen Knochen vom Höhlenbären auch der Höhlenlöwe nachgewiesen. 1969 untersuchte die Paläontologin Gerda Schütt die Säugetierfossilien aus der Baumannshöhle und Hermannshöhle in Rübeland. Darunter waren auch Höhlenlöwenreste aus alten Sammlungen, die nach Grabungen in den 1880-er und 1890-er Jahren nach Braunschweig gelangten und dort im heutigen Staatlichen Museum deponiert sind. Die alten Funde stammen vor allem aus der Baumannshöhle.

Freyburg an der Unstrut (Burgenlandkreis): Freyburg an der Unstrut wird in der Fachliteratur als Höhlenlöwen-Fundort erwähnt.

Gröbern (Kreis Gräfenhainichen): In Schichten aus der Eem-Warmzeit (etwa 127.000 bis 115.000 Jahre) von Gröbern wurde auch der Höhlenlöwe nachgewiesen.

Hermannshöhle nahe des Flusses Bode bei Rübeland (Kreis Harz): Die Hermannshöhle wurde am 28. Juni 1866 vom Wegeaufseher Wilhelm Angerstein bei Straßenbauarbeiten entdeckt. Man nannte sie – nach dem Spitznamen ihres Entdeckers – zuerst Sechserdinghöhle. Ende 1868 nahm sich der Geheime Kammerrat Hermann Grotian (1811–1887) von der Braunschweiger Forstdirektion der Höhle an und veranlasste erste

Vermessungen und Ausgrabungen. 1887 hat man die Sechserdinghöhle – nach dem Vornamen von Grotian – in Hermannshöhle umbenannt. Seit dem 1. Mai 1890 dient die fast drei Kilometer lange Hermannshöhle als Schauhöhle. Bereits in einer Publikation von B. G. Teubner aus dem Jahre 1891 wird die Hermannshöhle als Fundort eines Höhlenlöwen-Unterkiefers erwähnt. 1962 nahm die Prähistorikerin Ute Steiner aus Halle/Saale eine Grabung in der Hermannshöhle vor. 1984 und 1985 grub dort der Geologe Reinhard Völker, der Leiter des ehemaligen Karstmuseums Uftrungen. Bei diesen Grabungen kamen zahlreiche Reste vom Höhlenbären, aber auch 42 Funde vom Höhlenlöwen zum Vorschein. Diese Löwenfossilien werden im Museum für Naturkunde Berlin (Paläontologisch-Geologisches Institut und Museum, Humboldt-Universität) aufbewahrt. Sie stammen von zwei Löwen aus der Weichsel-Eiszeit, einer davon war ein altes Männchen. Die Kopfrumpflänge der Höhlenlöwen aus der Hermannshöhle wurde auf 1,97 und 2,29 Meter berechnet.

Königsaue (Salzlandkreis): Die Fundstelle Königsaue wurde 1963 von dem Geologen, Paläontologen und Prähistoriker Dietrich Mania während geologischer Untersuchungen in einem Braunkohlen-Tagebau entdeckt. Es folgten Ausgrabungen bis 1964, an denen sich zeitweise das Landesmuseum für Vorgeschichte in Halle/Saale beteiligte. Aus Königsaue – am Nordufer des ehemaligen Ascherslebener Sees – ist auch der Höhlenlöwe nachgewiesen.

Körbisdorf im Geiseltal (Saalekreis) bei Merseburg: In Schottern des Flusses Unstrut des durch den Braunkohlenabbau zerstörten Dorfes Körbisdorf wurde ein Stirnstück von einem Höhlenlöwen aus der Saale-Eiszeit (etwa 300.000 bis 127.000 Jahre) entdeckt. Der Originalfund wird im Landesmuseum für Vorgeschichte in Halle/Saale aufbewahrt.

Mücheln im Geiseltal (Saalekreis) bei Merseburg: Im Abraum der Braunkohlengrube „Elise II" bei Mücheln im westlichen Geiseltal kamen Höhlenlöwen-Reste aus der Saale-Eiszeit (etwa 300.000 bis 127.000 Jahre) zum Vorschein. Der Originalfund wird im Landesmuseum für Vorgeschichte in Halle/Saale aufbewahrt.

Neumark-Nord im Geiseltal (Saalekreis) bei Frankleben nahe Merseburg: Im Braunkohlen-Tagebau Neumark-Nord werden seit 1985 Reste einer Säugetierfauna aus einem klimatisch günstigen Abschnitt der Saale-Eiszeit (etwa 300.000 bis 127.000 Jahre) gefunden. Zur damaligen Tierwelt gehörten vor allem Damhirsche und Waldelefanten. 1990 machte der Jenaer Geologe, Paläontologe und Prähistoriker Dietrich Mania einen Höhlenlöwen-Zahn aus Neumark-Nord bekannt. Am 15. Januar 1996 kam ein Oberschenkelknochen-Fragment zum Vorschein. Und am 25. Juli 1996 erfasste ein Bagger ein Höhlenlöwen-Skelett, von dem zahlreiche Teile geborgen werden konnten. Das nahezu vollständige Skelett des Höhlenlöwen von Neumark-Nord wird im Landesmuseum für Vorgeschichte in Halle/Saale aufbewahrt. Weitere aufsehenerregende Funde von Neumark-Nord sind je ein Schlachtplatz mit Resten vom Auerochsen und vom Nashorn.

Westeregeln (Salzlandkreis) bei Magdeburg: Etwa ab 1874 betrieb der Zoologe Carl Wilhelm Alfred Nehring (1845–1904) von Wolfenbüttel aus, wo er von 1871 bis 1881 als Gymnasiallehrer wirkte, Forschungen im rund 60 Kilometer entfernten Westeregeln. Dort entdeckte er Reste von Steppentieren (Mammut, Wildpferd, Wildrind, Rentier, Eisfuchs, Wolf) und Waldtieren (Waldnashorn) aus dem Eiszeitalter, darunter auch von der Höhlenhyäne und vom Höhlenlöwen. Wegen zerschlagenen und angekohlten Tierknochen, Holzkohle und Silexabschlägen galten Westeregeln und Thiede bei Wolfenbüttel damals als älteste Fundplätze von Feuersteinartefakten steinzeitlicher Menschen im Magdeburgischen sowie als jene Stelle, wo 1875 die Koexistenz des Menschen mit den Großsäugetieren des Eiszeitalters für ganz Norddeutschland festgestellt werden konnte.

Zeunickenberg bzw. Seveckenberg bei Quedlinburg: Aus den Gipsdolinen auf dem Zeunickenberg bzw. Seveckenberg bei Quedlinburg werden schon seit Jahrhunderten Reste eiszeitlicher Tiere entdeckt. Berühmt sind vor allem die 1663 gefundenen Mammutreste, die damals als Reste eines Einhorns gedeutet wurden. Eine vermutlich von dem Magdeburger Bürgermeister Otto von Guericke (1602–1686) stammende Rekonstruktion des „Quedlinburger Einhorns" wurde 1704 von Michael Bernhard Valentini (1657–1729) aus Gießen in dessen „Museum Museorum oder vollständige Schaubühne aller Materalien" und 1740 in der „Protagea" von Gottfried Wilhelm Leibniz (1646–1716) – nach dessen Tod erschienen – veröffentlicht. 1848 sind in der Publikation „Neues Jahrbuch für Mineralogie, Geognosie, Geologie und Petrefakten" (1848) Knochen von „Felis, Hyaena, Canis" erwähnt. Damals rechnete man den Höhlenlöwen noch der Gattung *Felis* zu.

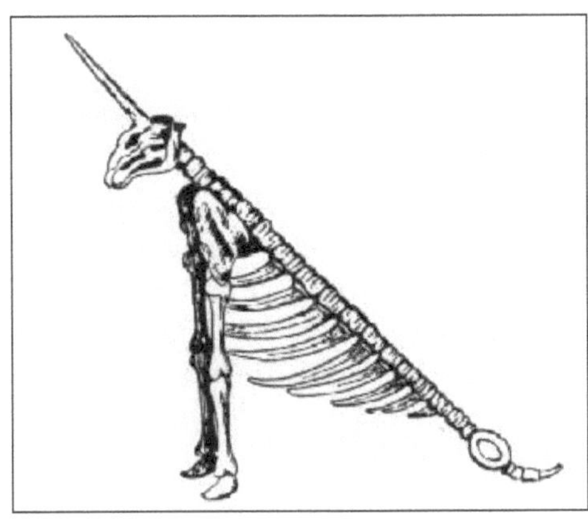

Rekonstruktion des „Quedlinburger Einhorns"

Sachsen

Leipzig-Lindenthal: In der Sandgrube von Leipzig-Lindenthal kam der halbe Unterkiefer eines Höhlenlöwen ans Tageslicht. Dieser Fund wurde 1909 von dem Leipziger Geologen Johannes Felix (1859–1941) in den „Sitzungsberichten der Naturforschenden Gesellschaft zu Leipzig" erwähnt. Felix hatte sich durch die Bergung, Präparation und Aufstellung eines bei Borna entdeckten Mammuts einen Namen gemacht. Das Mammut von Borna wurde am 14. Dezember 1908 gefunden und 1912 im Leipziger Museum für Völkerkunde (Prähistorische Abteilung) aufgestellt.

Wiedemar-Rabutz (Kreis Nordsachsen): In Schichten aus der Eem-Warmzeit (etwa 127.000 bis 115.000 Jahre) von Rabutz – zwischen Halle/Saale und Leipzig gelegen – wurde auch der Höhlenlöwe nachgewiesen. In Rabutz hatten Jäger am Ufer eines größeren Sees gelagert. Jagdtiere dieser Neandertaler waren Waldelefanten, Waldnashörner, Hirsche, Auerochsen, Bären, Wildpferde, Elche, Rehe, Wildschweine und Höhlenlöwen.

Berlin

Berlin: Beim Bau der U-Bahn in Berlin wurde in den 1930-er Jahren am Alexanderplatz der Schädel eines Höhlenlöwen entdeckt. Reste eiszeitlicher Säugetiere – wie Mammut, Fellnashorn, Wildpferd, Elch, Wisent, Moschusochse, Höhlenbär, Höhlenlöwe und Wolf – sind in Berlin und Brandenburg seit mehr als 200 Jahren bekannt. In den Schottern und Sanden des so genannten Rixdorfer Horizontes hat man Tausende von Fossilien gefunden. Rixdorf ist ein alter Name für Neukölln. 1920 wurde es zusammen mit anderen Orten in Berlin eingemeindet. In Rixdorf gab es früher Kies- und Sandgruben.

Brandenburg

Niederlehme bei Königs Wusterhausen (Kreis Dahme-Spree-wald): Seit Ende des 19. Jahrhunderts werden in Niederlehme Sande abgebaut, in denen man Zähne und Knochen von 20 Säugetierarten aus der frühen Weichsel-Eiszeit (etwa 115.000 bis 11.700 Jahre) bergen konnte. Darunter befanden sich auch Fossilien vom Mammut, Fellnashorn, Höhlenbär, der Höhlen-hyäne sowie vom Höhlenlöwen und Leopard. Die Sande von Niederlehme werden zum Rixdorfer Horizont gerechnet, der nach einem Fundort in Berlin benannt ist. Als Typuslokalität für den Rixdorfer Horizont gilt die Sandgrube Niederlehme.

Schönfeld (Kreis Spree-Neiße) bei Cottbus: In Schichten aus der Eem-Warmzeit (etwa 127.000 bis 115.000 Jahre) von Schön-feld wurde auch der Höhlenlöwe nachgewiesen.

Werder-Phoeben/Havel (Kreis Potsdam-Mittelmark): Der Ber-liner Paläontologe Wilhelm Otto Dietrich erwähnte 1968 in den „Paläontologischen Abhandlungen" Phoeben als Höhlenlöwen-Fundort. Den Fund bezeichnete er als *„Panthera (Leo) leo subsp."*.

Löwenfunde in Österreich

Niederösterreich

Deutsch-Altenburg: In der Gegend von Deutsch-Altenburg kamen ab 1908 im „Hollitzer Steinbruch" in weg gesprengten Höhlen und Spalten immer wieder Fossilien von Eiszeit-Tieren zum Vorschein. Die Fundstellen wurden später chronologisch nach dem Zeitpunkt ihrer Entdeckung mit den Nummern 1 bis 52 bezeichnet. Eine 1912 nach Sprengungen entdeckte Höhle mit Resten von Großsäugetieren aus dem Mittelpleistozän nennt man Deutsch-Altenburg 1. Die von Steinbrucharbeitern aufgesammelten Fossilien aus dieser zerstörten Höhle gelangten teilweise zunächst in die Technische Hochschule und später in das Naturhistorische Museum Wien. Darunter befindet sich ein als „*Panthera* sp." bezeichnetes Fossil einer Raubkatze, das als problematisch in seiner systematischen Stellung gilt und noch nicht beschrieben ist. Zum Fundgut gehören auch Reste von Säbelzahnkatze (*Homotherium sainzelli*), Luchs (*Lynx sp.*), Bär (*Ursus deningeri*) und Wolf (*Canis mosbachensis*). Alain Argant, Jacqueline Argant, Marcel Jeannet (alle drei aus Frankreich) und Margarita Erbajeva (Russland) erwähnten 2007 in der Publikation „Courier Forschungs-Institut Senckenberg" Deutsch-Altenburg 1 als Fundort des Mosbacher Löwen (*Panthera leo fossilis*).

Eine weitere berühmte Fundstelle aus der Gegend von Deutsch-Altenburg ist die fossilreiche Hundsheimer Spaltenfüllung in der Südflanke des Hexenberges bei Hundsheim. Diese Spaltenfüllung wurde 1900 zusammen mit der benachbarten Günther-höhle bei Steinbrucharbeiten angeschnitten. In der Folgezeit hat man bei wissenschaftlichen Grabungen zahlreiche Fossilien aus dem frühen Mittelpleistozän entdeckt. Aus der Hundsheimer Spaltenfüllung kennt man unter anderem Reste vom

Leoparden (*Panthera pardus*), Geparden (*Acinonyx inter-medius*) und der Säbelzahnkatze (*Homotherium moravicum*).

Flatzer Tropfsteinhöhle bei Flatz: Die Flatzer Tropfsteinhöhle (auch Langes Loch genannt) ist unter den 15 Höhlen der Flatzer Wand die längste und paläontologisch interessanteste. In der Museumshalle, in der früher eine kleine Ausstellung von Fundstücken untergebracht war, barg man ein Oberkiefer- und ein Vorbackenzahnfragment von einem Höhlenlöwen.

Gudenushöhle über der Kleinen Krems am Fuß der Hartensteiner Wand im Waldviertel: Die bis zur ersten Grabung namenlose Höhle ist von den Ausgräbern nach dem früheren Besitzer der Burg Hartenstein, Heinrich Reichsfreiherr von Gudenus (1839–1915), benannt worden. Er hatte die Grabungen von 1883/1884 großzügig unterstützt. Die Höhle wird auch Fuchsloch, Fuchsenlucken, Fuchshöhle und Hartensteinhöhle genannt. Unter den zahlreichen Fossilien befindet sich ein Rest vom Höhlenlöwen.

Herdengelhöhle südwestlich des Gehöftes Herdengel am Nordhang des Scherzlehnerberges bei Lunz am See: In der Herdengelhöhle (auch Herdengelbauernhöhle genannt) wurden in einer mehr als 30.000 Jahre alten Schicht aus der Würm-Eiszeit Reste vom Höhlenbären, Höhlenlöwen und Murmeltier geborgen. Vom Höhlenlöwen stammen ein Unterkiefer, ein Oberarmknochen und Mittelhandknochen. Auch ein Wolfsschädel wurde geborgen. Ein besonders wichtiger Fund aus dieser Höhle ist ein Steingerät aus der Zeit vor etwa 50.000 Jahren, das als bisher ältestes Zeugnis menschlicher Anwesenheit in Niederösterreich gilt.

Krems in der Wachau: Der österreichische Paläontologe Othenio Abel (1875–1946) erwähnte 1921 in seinem Buch „Lebensbilder aus der Tierwelt der Vorzeit" das Vorkommen des Höhlenlöwen in der Lösssteppe von Krems. Der älteste Bericht über vorzeitliche Tierfunde im Löss von Krems ist in dem Werk „Theatrum Europaeum" (1647) von Matthäus Merian der Ältere (1593–1650) nachzulesen. Darin ist von im November 1645 entdeckten Knochen und Zähnen eines Riesen die Rede, die – wie man heute weiß – vom Mammut stammen.

Mehlwurmhöhle im Schlattental bei Scheiblingskirchen: Die kleine Mehlwurmhöhle wurde 1963 entdeckt. 1973 erfolgte darin eine Grabung durch das Bundesdenkmalamt und das Institut für Paläontologie der Universität Wien. An vielen Resten von Eiszeit-Tieren sind Fraßspuren der Höhlenhyäne sichtbar. Zu den Hyänenfraßresten gehören Fossilien vom Wolf, Höhlenbären, Rothirsch, Riesenhirsch, Elch, Auerochsen, Wisent, Wildpferd, Fellnashorn, Mammut und Höhlenlöwen.

Merkensteinhöhle bei Gainfarn im südlichen Wienerwald: 1937 wurden in der Tropfsteinhöhle unterhalb der Burg Merkenstein etliche Fossilien von eiszeitlichen Raubkatzen entdeckt. 1938 erwähnte der Wiener Zoologe Otto Wettstein von Westerheimb (1892–1967) Reste vom Höhlenlöwen (fast kompletter Oberschädel mitsamt rechtem Oberkieferfragment mit zwei Zähnen, ein Halswirbel, ein Lendenwirbel, ein rechter Schienbeinknochen) und vom Leopard (ein Vorbackenzahn und ein Fingerglied). 1997 identifizierte die Wiener Paläontologin Doris Nagel vier weitere Fossilien aus der Höhle von Merkenstein als Reste eines Höhlenlöwen. Dabei handelte es sich um zwei Fingerglieder, einen Mittelfußknochen und um einen Mittelhandknochen.

Schusterlucke im Kremstal bei Albrechtsberg im Waldviertel: Der Name der Höhle Schusterlucke erinnert daran, dass sich zur Zeit der Franzosenkriege ein Schuster darin aufgehalten haben soll. Die Schusterlucke wird auch Schusterloch oder Tamerushöhle genannt. In der Schusterlucke kamen bescheidene urgeschichtliche und bedeutende paläontologische Funde zum Vorschein. Unter den etwa 18.300 mehr oder minder vollständigen Tierknochen ist mit 35 Fossilien auch der Höhlenlöwe vertreten.

Teufelslucke im Nordhang des Königsberges bei Roggendorf: Die Höhle Teufelslucke wird auch Fuchsenlucke und Fuchsloch genannt. In die Teufelslucke haben Höhlenhyänen ihre Beutetiere (Mammut, Fellnashorn, Bison, Riesenhirsch, Rentier, Rothirsch, Wildpferd, Wolf und Höhlenlöwe) verschleppt. Dagegen stammen die Höhlenbärenreste von Tieren, die im Winterschlaf verendet sind.

Willendorf am linken Donauufer in der Wachau: In Schichten aus der Kulturstufe des Gravettien (etwa 28.000 bis 21.000 Jahre) der Fundstelle Willendorf II in der Wachau wurden Reste vom Mammut, Steinbock, Rentier, Höhlenbären, Hirsch, Fuchs und Höhlenlöwen geborgen. Weltberühmt ist der Fund der so genannten „Venus von Willendorf". Dabei handelt es sich um eine 10,3 Zentimeter große steinerne Frauenfigur, die 1908 bei Ausgrabungen in Willendorf II entdeckt wurde. Die Funde von Willendorf II werden im Naturhistorischen Museum Wien aufbewahrt.

Steiermark

Badlhöhle im Badlgraben bei Peggau: Angeblich wurde die Badlhöhle, die Einheimischen schon sehr lange bekannt war, 1827 wieder entdeckt. Im Sommer 1837 nahmen der Besitzer der Höhle, Ferdinand Freiherr von Thinnfeld (1793–1868), und dessen Schwager, Hofrat Wilhelm Ritter von Haidinger (1795–1871), Grabungen vor. Sie bargen mehr als 400 Knochen, die vom Botaniker Franz Unger (1800–1870) untersucht wurden. Um 1870 untersuchte der Prähistoriker Gundaker Graf Wurmbrand-Stuppach (1838–1901) die Höhle. Im Steiermärkischen Landesmuseum Joanneum Graz werden elf Höhlenlöwen-Reste aus der Badlhöhle bei Peggau aufbewahrt. Dabei handelt es sich um fünf Eckzähne, ein Oberkieferfragment und fünf weitere Knochen.

Bärenhöhle im Hartelsgraben bei Hieflau: Die Bärenhöhle wird auch Hartlesgrabenhöhle, Bärenhöhle bei Hieflau, Bärenloch oder Boanloch genannt. Sie wurde im Oberpleistozän vor allem von Höhlenbären aufgesucht. Als Rarität gilt das fast komplette Skelett eines etwa sieben Monate alten Höhlenbärenkindes. Neben dem Höhlenbär, Vielfraß und Steinbock ist auch der Höhlenlöwe nachgewiesen.

Brettsteinbärenhöhle im Toten Gebirge unweit von Bad Mitterndorf: Die Brettsteinbärenhöhle wurde vermutlich in der frühen Würm-Eiszeit vor allem von Höhlenbären aufgesucht. In dieser Höhle wurde auch ein fragmentarisch erhaltener Unterkieferknochen mit einem Zahn vom Höhlenlöwen gefunden. Dieses Fossil wird im Steiermärkischen Landesmuseum Joanneum Graz aufbewahrt. Außerdem barg man in der Höhle etliche Skelettreste vom Höhlenlöwen (Mittelfußknochen, zwei Mittelhandknochen, einen mittleren Fingerknochen und vier Wirbel).

Burgstallwandhöhle bei Pernegg an der Mur unweit von Mixnitz im Grazer Bergland: Die Burgstallwandhöhle (auch Burgstallhöhle oder Burgstall-Riesenhöhle genannt) diente in der Würm-Eiszeit vor allem Höhlenbären als Unterschlupf. In ihr fand man Reste vom Höhlenbären, vom Wolf und vom Höhlenlöwen. Von der Burgstallwandhöhle ist nur noch der hintere Teil der ehemaligen Bärenhöhle vorhanden. Der vordere Teil ist der Bergsturzaktivität in diesem Gebiet und der Erosion zum Opfer gefallen.

Drachenhöhle im Grazer Bergland bei Mixnitz an der Mur: Die Drachenhöhle bei Mixnitz ist früher auch Kogellucke, Kugellucke, Mixnitzhöhle, Rettelsteiner Drachenhöhle und Röthelsteiner Grotte genannt worden. Jahrhundertelang wurde sie als Fundort von Drachen-, Riesen- oder Einhornknochen fehlgedeutet. Sie ist vor allem durch ihren Reichtum an Höhlenbären-Knochen bekannt. In der Drachenhöhle hat man Knochen von mindestens 30.000 Höhlenbären geborgen. Im Steiermärkischen Landesmuseum Joanneum Graz wird der Mittelhandknochen eines Höhlenlöwen aus der Drachenhöhle bei Mixnitz aufbewahrt. Weitere Höhlenlöwenreste liegen in der Sammlung des Instituts für Paläontologie der Universität Wien. Ein kompletter Oberschädel und eine linke Oberkieferleiste vom Höhlenlöwen befinden sich in der Sammlung von Klaus Reis in Deidesheim (Deutschland).

Frauenloch bei Semriach im Grazer Bergland: Synonyme für die Höhle Frauenloch sind Frauenloch im Kesselfall, Dreieckshöhle und Schusterhöhle. Das Frauenloch diente Höhlenbären in der Würm-Eiszeit als Unterschlupf. Erste Grabungen erfolgten 1899. Nach Höhlenbären und Wölfen sind Höhlenlöwen im Fundgut häufig vertreten. Im Steiermärkischen Landesmuseum Joanneum Graz werden 34 Höhlenlöwen-Reste aus der Höhle Frauenloch aufbewahrt. Dabei handelt es sich um Zähne sowie Knochen vom Skelett und den Extremitäten.

Fünffenstergrotte am Kugelstein im mittleren Murtal im Grazer Bergland: In der Fünffenstergrotte hat von 1949 bis 1952 die Grazer Paläontologin und Geologin Maria Mottl (1906–1980) Sondierungen vorgenommen. Zum Fundgut gehören Reste vom Hamster, Wolf, Fuchs, Höhlenbär, Höhlenlöwen, Leopard, Rothirsch, Auerochsen oder Wisent, Gemse und Steinbock. An den meisten Huftierknochen sind Bissspuren von Raubtieren erkennbar. Die Fossilien werden im Steiermärkischen Landesmuseum Joanneum in Graz aufbewahrt.

Große Peggauer Wandhöhle bei Peggau im Grazer Bergland: Die Große Peggauer Wandhöhle wurde in der Würm-Eiszeit vor allem von Höhlenbären aufgesucht und war vielleicht zeitweise auch Unterschlupf für Höhlenhyänen. In der langen Liste der durch Funde nachgewiesenen Tierarten vom Alpenschneehuhn über den Eisfuchs bis zum Wolf sind auch der Höhlenlöwe (ein mittlerer Fingerknochen) und der Leopard erwähnt.

Kleine Peggauer Wandhöhle bei Peggau im Grazer Bergland: Die Kleine Peggauer Wandhöhle (auch Kleine Peggauer Höhle) gilt als Bärenhöhle aus der Würm-Eiszeit. Bereits 1870 nahm der Prähistoriker Gundaker Graf Wurmbrand-Stuppach (1838–1901) dort eine kleine Grabung vor. Außer dem Höhlenbären und anderen Eiszeit-Tieren wurde auch der Höhlenlöwe nachgewiesen.

Lurgrotte bei Peggau im Grazer Bergland: Die Lurgrotte (auch Lurhöhle, Lurloch oder Lugloch genannt) ist eine wasserführende Höhle mit mehr als vier Kilometer voneinander entfernten Eingängen in den Gemeindegebieten von Peggau im Westen und Semriach im Osten. Die Tierreste aus der Lurgrotte stammen aus der Würm-Eiszeit. Nachgewiesen sind unter anderem Höhlenbär und Höhlenlöwe. An Höhlenbären-Knochen wurden Bissspuren von Höhlenhyänen erkannt. Die Funde werden im Steiermärkischen Landesmuseum Joanneum in Graz aufbewahrt.

Repolusthöhle bei Peggau: Zum Fundgut der Repolusthöhle im Badlgraben, einem Seitental des Murtales, gehören Steinwerkzeuge von Jägern und Sammlern, die diese Höhle vor mehr als 250.000 Jahren aufgesucht haben, sowie Tierreste aus jener Zeit vom Bären Ursus deningeri, Höhlenlöwen, Wolf, Dachs, Biber, Stachelschwein, Riesenhirsch, Wildschwein, Steinbock und Wisent. Im Buch „Deutschland in der Steinzeit" (1991) wurden die Jäger und Sammler in der Repolusthöhle als „die ersten Österreicher" bezeichnet. Diese Erkenntnis ist dem Wiener Paläontologen Gernot Rabeder zu verdanken. Die Repolusthöhle ist nach dem Arbeiter Anton Repolust (geboren 1877, gefallen im Ersten Weltkrieg) aus Badl benannt, der diese Höhle 1910 entdeckte. Im Steiermärkischen Museum Joanneum in Graz werden sechs Eckzähne und 17 Knochen (Unterkiefer, Brustwirbel, Schädel, Oberarmknochen, Unterarmknochen, Elle, Oberschenkel, Schienbeinknochen, Lendenwirbel) vom Höhlenlöwen aus der Repolusthöhle aufbewahrt. Zum Fundgut der Repolusthöhle gehört auch der Leopard.

Salzofenhöhle bei Grundlsee im steirischen Teil des Toten Gebirges: Die Eingänge der Salzofenhöhle befinden sich etwa 60 Meter unterhalb des Gipfels des 2068 Meter hohen Salzofen. In dieser hochalpinen Höhle haben die Jäger Franz Köberl und Ferdinand Schramel im Sommer 1924 die ersten Fossilien entdeckt. Sie berichteten dem Schulrat Otto Körber (1866–1945) aus Bad Wiessee von ihrer Entdeckung und dieser begann noch im selben Jahr mit Grabungen, die sich bis 1944 hinzogen. Körber bezeichnete 1939 die Salzofenhöhle als die höchstgelegene Siedlungsstätte des Altsteinzeitmenschen im Gebiet des Deutschen Reiches. Auf seine Grabungen folgten weitere. Unter den zahlreichen in der Salzofenhöhle nachgewiesenen Tierarten ist auch der Höhlenlöwe (darunter zwei komplett erhaltene Unterkiefer) vertreten.

Tropfsteinhöhle am Kugelstein bei Deutschfeistritz: 1931 berichtete erstmals ein Höhlenforscher namens H. Bock über Funde von Höhlenbären-Knochen aus der Tropfsteinhöhle am Kugelstein. Diese Höhle wird in der Literatur auch Kugelsteinhöhle II oder Bärenhöhle II am Kugelstein genannt. In der langen Fundliste werden neben dem zahlreich vertretenen Höhlenbären auch Höhlenlöwe, Leopard *(Panthera pardus)* und Affe *(Macaca sylvanus)* erwähnt.

Kärnten

Griffener Tropfsteinhöhle im Schlossberg von Griffen: Die Griffener Tropfsteinhöhle wurde im Frühjahr 1945 entdeckt, als man in der verschütteten Vorhalle der Höhle nach Luftschutzräumen Ausschau hielt. Von 1957 bis 1960 erfolgten in mehreren Abschnitten systematische Grabungen. Diese Tropfsteinhöhle diente im Oberpleistozän zeitweise Höhlenbären und Höhlenhyänen als Unterschlupf. Außer Resten dieser und anderer Eiszeit-Tiere wurden auch zwei Fossilien vom Höhlenlöwen entdeckt. Die Funde aus der Griffener Tropfsteinhöhle werden im Kärntner Landesmuseum, Klagenfurt, aufbewahrt.

Oberösterreich

Gamssulzenhöhle oberhalb des Gleinkersees in der Nordwestflanke des Seesteines im Toten Gebirge: Die um 1920 entdeckte Gamssulzenhöhle wird auch als Gleinkerseehöhle, Bärenriesenhöhle, Bärenhöhle im Seestein oder Gamssulzen bezeichnet. Die Höhle diente vor allem Bärenhöhlen als Unterschlupf und zeitweise auch Eiszeitjägern kurzfristig als Aufenthaltsort. In der Gamssulzenhöhle sind Reste von Fischen, Amphibien, Reptilien, Vögeln und Säugetieren (darunter auch Wolf, Luchs und Höhlenlöwe) gefunden worden.

Lettenmayerhöhle im Steilhang des linken Kremsufers bei Kremsmünster: Die schon um 1864 bekannte Höhle wurde bei Steinbrucharbeiten im Januar 1881 wieder entdeckt und nach dem Steinbruchbesitzer benannt. In der 24 mal 20 Meter großen und bis zu vier Meter hohen Lettenmayerhöhle wurden außer vielen Resten vom Höhlenbär auch drei Mittelhandknochen vom Höhlenlöwen gefunden. Die Höhle ist seit 1949 ein Naturdenkmal. Es gibt auch die Schreibweisen Lattenmaierhöhle und Lettenmayrhöhle.

Nixloch bei Losenstein-Ternberg: Das Nixloch liegt in einem Bergland, das im Osten von der Enns, im Westen von der Steyr und im Süden von der Teichl und dem Laußabach begrenzt wird. Im Fundgut des Nixloches dominieren Reste von Höhlenbären aus einer jüngeren Phase der Würm-Eiszeit („Höhlenbärenzeit"). Unter Fossilien vieler Tierarten ist auch der Höhlenlöwe vertreten. Synonyme für das Nixloch sind Nixhöhle, Nixlucke und Nixgrotte.

Ramesch-Knochenhöhle in der Nordwand des 2134 Meter hohen Ramesch in der Warscheneckgruppe im Toten Gebirge: Die Ramesch-Knochenhöhle heißt auch Bärenhöhle im Ramesch und Rameschhöhle. Von den dort gefundenen Wirbeltierresten stammen 99 Prozent vom Höhlenbären. Zum Fundgut gehören auch Reste vom Wolf, Braunbär, Steinbock, Höhlenlöwen sowie Steingeräte von Neandertalern.

Salzburg

Schlenkendurchgangshöhle im Ostkamm des Schlenken bei Hallein: Die Schlenkendurchgangshöhle diente in der Würm-Eiszeit vor allem Höhlenbären als Unterschlupf. Ihr in etwa 1590 Meter Seehöhe liegender, verstürzter Südeingang wurde zwischen 1926 und 1928 von Jägern freigelegt. In der Fundliste ist auch der Höhlenlöwe aufgeführt.

Tirol

Tischoferhöhle im Kaisertal oder Sparchental bei Kufstein: Die Tischoferhöhle, auch Schäferhöhle (Schofer ist ein Dialekt-Ausdruck für Schäfer) oder Bärenhöhle genannt, war Aufenthaltsort von Neandertalern und Höhlenbären. Im Fundgut ist neben dem Höhlenbären (etwa 380 Tiere), der Höhlenhyäne, dem Wolf, dem Rentier, dem Steinbock und der Gemse auch der Höhlenlöwe nachgewiesen. Ein Beckenfragment von einem Höhlenlöwen aus der Tischoferhöhle, das im Museum in der Festung Kufstein aufbewahrt wird, konnte mit der Radiocarbon-Methode auf ein Alter von etwa 31.000 Jahren datiert werden. Der in der Tischoferhöhle entdeckte Höhlenlöwe soll von Höhlenbären zerrissen worden sein.

Südtirol (Italien)

Conturineshöhle bei St. Kassian: Die Conturineshöhle in etwa 2800 Meter Höhe ist der höchste Höhlenbären- und Höhlenlöwen-Fundort der Welt. Als Conturines wird ein Berg in den Dolomiten bezeichnet, dessen Name aus dem Ladinischen „con turrines" (= mit Türmen) abzuleiten ist. Entdecker der Conturineshöhle ist Willy Costamoling aus Corvara, der auf der Suche nach Mineralien und Fossilien am 23. September 1987 als erster Mensch das Innere der Höhle betrat. Leiter der wissenschaftlichen Grabungen von 1988 bis 2001 war der Wiener Paläontologe Gernot Rabeder. Er hat außer zahlreichen Resten von kleinwüchsigen Höhlenbären auch den Ober- und Unterkiefer eines jugendlichen Höhlenlöwen entdeckt. Die Conturineshöhle diente ladinischen Bären (*Ursus spelaeus ladinicus*) als bevorzugter Wohnort.

Löwenfunde in der Schweiz

Kanton Genf

Veyrier: Der Zürcher Prähistoriker Ferdinand Keller (1800–1881) erwähnte Veyrier in seiner Publikation „Helvetische Denkmäler" (1869) als Höhlenlöwen-Fundort. Aus Veyrier kennt man auch Reste vom Rentier, Wildpferd, Steinbock, Elch und Hirsch.

Kanton Freiburg

Bärenloch am Spitzflue (Gemeinde Charmey) beim Schwarzsee in den Freiburger Voralpen: Die Höhle Bärenloch wurde 1991 durch Mitglieder des Höhlenklubs der Freiburger Voralpen (SCPF) entdeckt. Im Bärenloch und auf der Schutthalde vor dem Höhleneingang hat man mehr als 10.000 Knochenfragmente gefunden. Sie stammen von Höhlenlöwen, Murmeltieren, Steinböcken, Schneehasen, Fledermäusen und anderen kleinen Säugetieren. Mit Knochenfunden von dort konnte ein fast vollständiges etwa 24.000 Jahre altes Höhlenbären-Skelett zusammengestellt werden.

Kanton Bern

Kohlerhöhle im Kaltbrunnental bei Brislach: In der Kohlerhöhle kam ein kleines Knochenfragment vom Höhlenlöwen zum Vorschein. Dieses Fragment wird im Naturhistorischen Museum Bern aufbewahrt. In der Kohlerhöhle hatten sich zeitweise auch Neandertaler aufgehalten. Das Kaltbrunnental ist ein Seitenteil des Birstals.

Schnurenloch im Simmental: In der hoch im Simmental gelegenen Höhle Schnurenloch wurde ein kleines Knochenfragment vom Höhlenlöwen gefunden. Das Fragment wird im Naturhistorischen Museum Bern aufbewahrt.

Kanton Jura

St. Brais: Vom Fundort St. Brais im Berner Jura liegt ein kleines Knochenfragment vom Höhlenlöwen vor. Das Fragment wird im Naturhistorischen Museum Bern aufbewahrt. In den Höhlen von St. Brais haben sich Jäger und Sammler der Neandertaler kurze Zeit aufgehalten.

Kanton Solothurn

Lüsslingen: In der Kiesgrube Rebenrain (Lüsslingen) wurde 1910 ein Oberschenkelknochen von einem Höhlenlöwen entdeckt. Dass es sich dabei um den Rest eines Höhlenlöwen handelt, hat der Basler Paläontologe Hans Georg Stehlin (1870–1941) erkannt. Der Originalfund wird im Naturmuseum Solothurn aufbewahrt.

Kanton Zürich

Niederweningen: Neben Resten vom Mammut, Fellnashorn, Bison, Wildpferd, Wolf und Lemming wurde in Niederweningen auch der Zahn eines Raubtieres, der von einem Höhlenlöwen stammen soll, gefunden. Bei Bauarbeiten für die Wehntalbahn wurden Knochen von sieben Mammuts entdeckt. 2003 kamen bei verschiedenen Aushubarbeiten Reste eines Mammutbullen und ein -stoßzahn ans Tageslicht. Dies gab den Anstoß dafür, in Niederweningen ein Mammutmuseum zu errichten.

In der etwa 1500 Meter hoch gelegenen Wildkirchli-Höhle im Ebenalpstock des Säntisgebirges (Kanton Appenzell) wurden auch Reste vom Höhlenlöwen gefunden

Kanton Schaffhausen

Kesslerloch im Fulachtal bei Thayngen: Zum Fundgut aus der seit 1874 untersuchten Höhle Kesslerloch gehören neben Hinterlassenschaften von Rentierjägern (Werkzeuge, Waffen und Kunstwerke) auch fossile Tierreste. Eine Neubearbeitung des Faunenmaterials durch Hannes Napierala ergab insgesamt sechs Funde vom Höhlenlöwen: ein Kieferfragment eines jugendlichen Tieres, zwei isolierte Unterkieferzähne, darunter ein vollständiger Eckzahn, ein Fersenbein und zwei Fingerknochen. Im Kesslerloch haben der Lehrer Konrad Merk (1846–1914) aus Thayngen, der Lehrer Jakob Nüesch (1845–1915) aus Schaffhausen und der Prähistoriker Jakob Heierli (1853–1912) aus Zürich Grabungen vorgenommen

Kanton Appenzell

Wildkirchli im Ebenalpstock des Säntisgebirges: Die etwa 1500 Meter hoch gelegene Wildkirchli-Höhle diente abwechselnd Höhlenbären und Neandertalern als Unterschlupf. Dort hat der Lehrer, Museumsleiter und Heimatforscher Emil Bächler (1868–1950) aus St. Gallen Höhlenbären und Steinwerkzeuge geborgen. Von 1903 bis 1908 fand man im Wildkirchli neben Resten vom Höhlenbär, Wolf, Dachs, Steinbock und Hirsch auch Fossilien vom Höhlenlöwen.

Kanton St. Gallen

Wildenmannlisloch am Nordhang des Seluns (einem der sieben Churfirsten): In der in 1628 Meter Höhe gelegenen Höhle Wildenmannlisloch fand man Reste vom Höhlenbär, Höhlenlöwen, der Gemse, Murmeltier, vom Schneehasen, Wolf, Fuchs, Hermelin und Edelhirsch.

Männlicher Löwe (Panthera leo) in Namibia. Dieses Foto von Kevin Pluck aus London wurde im Online-Lexikon „Wikipedia" in die Liste der exzellenten Bilder aufgenommen.

Wissenschaftsautor Ernst Probst

Der Autor

Ernst Probst, geboren am 20. Januar 1946 in Neunburg vorm Wald im bayerischen Regierungsbezirk Oberpfalz, ist Journalist und Buchautor. Er arbeitete von 1968 bis 1971 als Volontär und Redakteur bei den „Nürnberger Nachrichten", von 1971 bis 1973 in der Zentralredaktion des „Ring Nordbayerischer Tageszeitungen" in Bayreuth und von 1973 bis 2001 bei der „Allgemeinen Zeitung", Mainz. Von 2001 bis 2006 war er zunächst als Buchverleger und später auch als Fossilien- und Antiquitätenhändler aktiv.

In seiner Freizeit schrieb Ernst Probst vor allem populärwissenschaftliche Artikel für die „Frankfurter Allgemeine Zeitung", „Süddeutsche Zeitung", „Die Welt", „Frankfurter Rundschau", „Neue Zürcher Zeitung", „Tages-Anzeiger", Zürich, „Salzburger Nachrichten", „Oberösterreichische Nachrichten", Linz, „Die Zeit", „Rheinischer Merkur", „Deutsches Allgemeines Sonntagsblatt", „bild der wissenschaft", „kosmos", „Deutsche Presse-Agentur" (dpa), „Associated Press" (AP) und den „Deutschen Forschungsdienst" (df).

Aus der Feder von Ernst Probst stammen zahlreiche Beiträge der Buchreihe „Geschichten, die die Forschung schreibt" sowie die Bücher „Deutschland in der Urzeit" (1986), „Deutschland in der Steinzeit" (1991), „Rekorde der Urzeit" (1992), „Dinosaurier in Deutschland" (1993 zusammen mit Raymund Windolf) und „Deutschland in der Bronzezeit" (1996). Von 1986 bis 2011 veröffentlichte er insgesamt mehr als 200 Bücher, Taschenbücher, Broschüren und E-Books.

Literatur

ABEL, Othenio: Die vorzeitlichen Säugetiere, Jena 1914

ABEL, Othenio: Lebensbilder aus der Tierwelt der Vorzeit, Jena 1921

ADAM, Karl Dietrich / BERCKHEMER (†), Fritz: Der Urmensch und seine Umwelt im Eiszeitalter auf Untertürkheimer Markung. Aus: BRUDER, Hermann (Hrsg.): Herzstück im Schwabenland. Untertürkheim und Rotenberg. Ein Heimatbuch, S. 1–88, Stuttgart 1983

AMBROS, Dieta / HILPERT, Brigitte / REISCH, Ludwig / ROSENDAHL, Wilfried: Steinberg-Höhlenruine bei Hunas (HFA A 236). Aus: AMBROS, Dieta / GROPP, Christof / HILPERT, Brigitte / KAULICH, Brigitte: Neue Forschungen zum Höhlenbären in Europa. Abhandlungen der Naturhistorischen Gesellschaft Nürnberg, 45/2005, S. 325–342, Nürnberg 2005

ATHEN, Kerstin: Höhlenlöwen im Westerwald? – Ein Knochenfragment von Breitscheid-Erdbach, S. 20–22, Wiesbaden 2004

BARTON, Miles: Wildes Amerika. Zeugen der Eiszeit, Köln 2003

BARYSHNIKOV, Gennady F. / BOESKOROV, Gennady: The Pleistocene cave lion, *Panthera spelaea* (Carnivora, Felidae) from Yakutia. Cranium 18, S. 7–24, Amsterdam 2001

BERCKHEMER, Fritz: Neue Funde von Resten eiszeitlicher Löwen aus Württemberg. Jahreshefte des Vereins für vaterländische Naturkunde in Württemberg. Jahrgang 83, S. 75–76, Stuttgart 1927

BOSINSKI, Gerhard / LANSER, Klaus Peter: Urgeschichte. Aus: Das Eiszeitalter im Ruhrland. Führer des Ruhrlandmuseums, Heft Nr. 2, S. 25, Köln 1982

BURGER, Joachim / ROSENDAHL, Wilfried / LOREILLE,

Odile / HEMMER, Helmut / ERIKSSON, Torsten / GÖTHERSTRÖM, Anders / HILLER, Jennifer / COLLINS, Matthew / WESS, Timothy / ALT, Kurt W.: Molecular phylogeny of the extinct cave lion *Panthera leo spelaea*, Molecular Phylogenetics and Evolution, Vol. 30, p. 841–849, Elsevier, San Diego 2004

CHAUVET, Jean-Marie / DESCHAMPS, Eliette Brunel / HILLAIRE, Christian: Grotte Chauvet bei Vallon-Pont-d'Arc, Stuttgart 1995

COX, Barry / DIXON, Dougal / GARDINER, Brian / SAVAGE, R. J. G.: Dinosaurier und andere Tiere der Vorzeit, München 1989

DIEDRICH, Cajus G.: Freilandfunde des oberpleistozänen Löwen *Panthera leo spelaea* (Goldfuss 1810) in Westfalen (Norddeutschland). Philippia 11 (3), S. 219–226, Kassel 2004

DIEDRICH, Cajus G.: The fairy tale about the „cave lion" *Panthera leo spelaea* (Goldfuss 1810) of Europe – Late Ice Ages spotted hyenas and Ice Age steppe lions in conflict – lion killers und savengers around Prague (Central bohemia). Scripta Facultatis Scientiarum Universitatis Masarykianae. Geology, 35, S. 107–112, Brno 2005

DIEDRICH, Cajus G.: The holotypes of the upper Pleistocene *Crocuta crocuta spelaea* (Goldfuss, 1822: Hyaenidae) and *Panthera leo spelaea* (Goldfuss, 1810: Felidae) of the Zoolithen Cave hyena den (South Germany) and their palaeoecological interpretation. Zoological Journal of the Linnean Society, London 2008

DIEDRICH, Cajus G.: Bone accumulators beetween the Scandinavian and Alpine ice shields of Central Europe – the last Ice Age spotted hyenas: mammoth scavengers, wolly rhino killers, horse hunters and cave bear/lions antagonists, im Druck

DIEDRICH, Cajus G.: Steppe lion *Panthera leo spelaea* (Goldfuss 1810) remains imported by Ice Age spotted hyenas *Crocuta crocuta spelaea* (Goldfuss 1923) from the Perick Caves, a Late Pleistocene hyena den in Northern Germany, im Druck

DIEDRICH, Cajus G.: Upper Pleistocene *Panthera leo spelaea* (Goldfuss 1810) remains from an open air loess bone accumulation site in Freyburg a. U. (Central Germany) caused by Ice Age spotted hyenas. Comptes Rendues Palevol., Paris, im Druck

DIEDRICH, Cajus G.: Skeleton remains of an adoloscent *Panthera leo spelaea* (Goldfuss 1810) from the Wilhelms Cave hyena den (Sauerland Karst, NW Germany). Acta Palaeontologica Polonia, im Druck

DIEDRICH, Cajus G.: Late Pleistocene steppe lion *Panthera leo spelaea* (Goldfuss 1810) remains from the Bilstein Caves (Northern Germany) and discussion on the taphonomic presence at hyena dens of Central Europa. Comtes Rendues Palevol, Paris, im Druck

DIEDRICH, Cajus G.: Pleistocene *Panthera leo spelaea* (Goldfuss 1810) remains from the Balver Cave (NW Germany) – a hyena den and Middle Palaeolithic human site. International Journal of Osteoarchaeology, im Druck

DIEDRICH, Cajus G.: Late Pleistocene lion *Panthera leo spelaea* (Goldfuss 1810) remains from the Keppler Cave (Sauerland Karst, NW Germany). Cranium, Amsterdam, im Druck

DIETRICH, Wilhelm Otto: Fossile Löwen im europäischen und afrikanischen Pleistozän. Paläontologische Abhandlungen, Abt. A, Paläozoologie, 3, S. 323–366, Berlin 1968

DÖPPES, Doris / RABEDER, Gernot: Pliozäne und pleistozäne Faunen Österreichs. Ein Katalog der wichtigsten Fundstellen und ihrer Faunen (Endbericht des Forschungsberichtes Nr. 9320 des „Fonds zur Förderung der wissenschaftlichen Forschung") mit Beiträgen von Petra Cech, Doris Döppes, Thomas Einwögerer, Florian A. Fladerer, Christa Frank, Karl Mais, Doris Nagel, Marion Niederhuber, Martina Pacher, Rudolf Pavuza, Gernot Rabeder, Christian Reisinger, Harald Temmel, Gerhard Withalm. Mitteilungen der Kommission für Quartärforschung der Österreichischen Akademie der Wissenschaften, Band 10, Wien 1997

ESPER, Johann Friedrich: Ausführliche Nachricht von neuentdeckten Zoolithen unbekannter vierfüssiger Thiere und denen sie enthaltenden, so wie verschiedenen anderen, denkwürdigen Grüften der Oberbürgischen Lande des Marggrafthums Bayreuth, Nürnberg 1774

FISCHER, Karlheinz: Neufunde von jungpleistozänen Höhlenlöwen *Panthera leo spelaea* (GOLDFUSS, 1810) in Rübeland (Harz). Braunschweiger naturkundliche Schriften, 4, Heft 3, S. 455–471, Braunschweig 1994

FISCHER, Karlheinz: Ein Höhlenlöwenskelett (*Panthera spelaea* Goldfuss, 1810) aus interglazialen Seesedimenten der Saalezeit von Neumark-Nord bei Merseburg in Sachsen-Anhalt. Prähistorica Thuringica 6/7, S. 98–192, Artern 2001

GOLDFUSS, Georg August: Die Umgebungen von Muggendorf, Erlangen 1810

GOLDFUSS, Georg August: Osteologische Beiträge zur Kenntniß verschiedener Saeugthiere der Vorwelt: IV. Ueber den Schaedel des Hoehlenloewen. Verhandlungen der kaiserlichen leopoldinischen carolinaeischen Akademie der Naturfreunde, 10, S. 489–494, Bonn 1821

GOLDFUSS, Georg August: Osteologische Beiträge zur Kenntniß verschiedener Saeugthiere der Vorwelt (Fortsetzung). Verhandlungen der kaiserlichen leopoldinischen carolinaeischen Akademie der Naturfreunde, 11, S. 449–490, Bonn 1823

GROISS, Josef Theodor: Der Höhlentiger *Panthera tigris spelaea* (Goldfuss). Neues Jahrbuch für Geologie und Paläontologie Monatshefte (7), S. 399–414, Stuttgart 1966

GROISS, Josef Theodor: Neufunde von quartären Großsäugern aus der Moggaster Höhle bei Ebermannstadt (Ofr.). Archaeopteryx, 10, S. 31–49, Eichstätt 1992

GROSS, Carin: Das Skelett des Höhlenlöwen (*Panthera leo spelaea)* (GOLDFUSS, 1810) aus Siegsdorf/Ldkr. Traunstein im Vergleich mit anderen Funden aus Deutschland und den Niederlanden. Inaugural-Dissertation Tierärztliche Fakultät der Universität München, S. 1–129, München 1992

HELLER, Florian: Jüngstpliozäne Knochenfunde in der Moggaster Höhle (Fränkische Schweiz). Centralblatt für Mineralogie, Jahrgang 1930, Abt. B, Nr. 4, S. 154–159, München 1930
HELLER, Florian: Ein Schädel von *Felis spelaea* Goldf. aus der Frankenalb (zugleich ein Beitrag zum Löwe-Tiger-Problem der diluvialen Großkatze. Erlanger geologische Abhandlungen Heft 7, S. 1–23, Erlangen 1953
HELLER, Florian: Zur Diluvialfauna des Fuchsenloches bei Siegmannsbrunn, Ldkr. Pegnitz (Die Funde der Gumpert'schen Grabungen). Geol. Bl. NO-Bayern, 5 (2), S. 49–70, Erlangen 1955
HELLER, Florian: Die Fauna. Aus: ZOTZ, Lothar: Das Paläolithikum in den Weinberghöhlen bei Mauern. Quartärbibliothek 2, S. 220–307, Bonn 1955
HELLER, Florian: Die Fauna der Breitenfurter Höhle im Landkreis Eichstätt. Erlanger geologische Abhandlungen, Heft, 19, S. 2–32, Erlangen 1956
HELLER, Florian: Würmeiszeitliche und letztinterglaziale Faunenreste von Lobsing bei Neustadt/Donau. Erlanger geologische Abhandlungen, Heft 34, S. 19–33, Erlangen 1960
HELLER, Florian: Ein Höhlenlöwenfund in der Moggaster Höhle. Mitteilungsblatt der Abteilung für Karst- und Höhlenkunde der Naturhistorischen Gesellschaft Nürnberg, 8. Jahrgang 1975, Heft 2, S. 29–38, Nürnberg 1975
HEMMER, Helmut: Fossilbelege zur Verbreitung und Artgeschichte des Löwen, *Panthera leo* (Linné, 1758). Säugetierkundliche Mitteilungen 15, S. 289–300, München 1967
HEMMER, Helmut: Zur Kenntnis pleistozäner mitteleuropäischer Pantherkatzen (Pantherinae), Teil I. Veröffentlichungen der Zoologischen Staatssammlung, 1, S. 15–36, München 1971
HEMMER, Helmut: Untersuchungen zur Stammesgeschichte der Pantherkatzen (Pantherinae), Teil III. Zur Artgeschichte des Löwen Panthera (Panthera) leo (Linnaeus 1758). Veröffentlichungen der Zoologischen Staatssammlung München, Band 17, S. 167–280, München 1974

HEMMER, Helmut: Die Carnivorenreste (mit Ausnahme der Hyänen und Bären) aus den jungpleistozänen Travertinen von Taubach bei Weimar. Quartärpaläontologie 2, S. 379–387, Berlin 1977

HILPERT, Brigitte / KAULICH, Brigitte / ROSENDAHL, Wilfried: Die Zoolithenhöhle bei Burggaillenreuth (Fränkische Alb, Süddeutschland). Forschungsgeschichte, Geologie, Paläontologie und Archäologie. Aus: AMBROS, Dieta / GROPP, Christof / HILPERT, Brigitte / KAULICH, Brigitte: Neue Forschungen zum Höhlenbären in Europa. Abhandlungen der Naturhistorischen Gesellschaft Nürnberg, 45, S. 259–304, Nürnberg 2005

HILPERT, Brigitte / KAULICH, Brigitte: Die Petershöhle bei Velden (Fränkische Alb, Süddeutschland). Lage, Forschungsgeschichte, Stratigraphie, Paläontologie, Archäologie und Chronologie. Aus: AMBROS, Dieta / GROPP, Christof / HILPERT, Brigitte / KAULICH, Brigitte: Neue Forschungen zum Höhlenbären in Europa. Abhandlungen der Naturhistorischen Gesellschaft Nürnberg, 45/2005, S. 343–364, Nürnberg 2005

HILZHEIMER, Max: Zwei Radien von *Felis spelaea* aus der Mark Brandenburg. Zeitschrift der Geschiebefor-schung und Flachlandgeologie 3, S. 79–81, Leipzig 1927

HÖRMANN, Konrad: Der hohle Fels bei Happurg. Abhandlungen der Naturhistorischen Gesellschaft Nürnberg, 20, S. 21–64, Nürnberg 1913

HÖRMANN, Konrad: Die Petershöhle bei Velden in Mittelfranken. Abhandlungen der Naturhistorischen Gesellschaft Nürnberg, 24, Heft 2, S. 15–90, Nürnberg 1923

HÖRMANN, Konrad und Mitarbeiter: Grabungsberichte der Anthropologischen Sektion. Die Petershöhle bei Velden in Mittelfranken, eine altpaläolithische Station. Abhandlungen der Naturhistorischen Gesellschaft Nürnberg, 21, Heft 4, S. 123–153, Nürnberg 1923

HUBER, Fritz: Die nördliche Frankenalb, ihre Geologie, Höhlen und Karsterscheinungen. Band 2, Die Höhlen des Karstgebietes A Königstein. Jahreshefte für Karst- und Höhlenkunde, 8/2, München 1967

HÜLLE, Werner M.: Die Ilsenhöhle unter Burg Ranis Thüringen, München 1977

JAEKEL; Otto: Prähistorische Löwen aus dem Formenkreis der Felis spelaea. Zoologischer Anzeiger 70, S. 225–236, Leipzig 1927

KAHLKE, Hans-Dietrich: Die Eiszeit, Leipzig 1994

KAHLKE, Ralf-Dietrich: Bedeutende Fossilvorkommen des Quartärs in Thüringen. Teil 5: Großsäugetiere. Aus: KAHLKE, Ralf-Dietrich / WUNDERLICH, Jürgen (Hrsg.): Tertiär und Quartär in Thüringen. Beiträge zur Geologie von Thüringen, Neue Folge 9, S. 207–232, Jena 2002

KAISER, Thomas M. / KELLER, Thomas / TANKE, Walter: Ein neues pleistozänes Wirbeltiervorkommen im Paläokarst Mittelhessens (Breitscheid-Erdbach, Lahn-Dill-Kreis. Geologisches Jahrbuch Hessen 126, S. 71–79, Wiesbaden 1998

KELLER, Thomas: Die eiszeitlichen Mosbach-Sande bei Wiesbaden. Paläontologische Denkmäler in Hessen 3, Wiesbaden 1994

KLÄHN, Hans: Ein Fund von *Felis leo* im Löss von Heitersheim i. B. Mitteilungen der Großherzoglich Badischen Geologischen Landesanstalt 9 (1), S. 353–366, Heidelberg 1922

KOENIGSWALD, Wighart von (Hrsg.): Eiszeitliche Tierfährten aus Bottrop-Welheim. Münchener Geowissenschaftliche Abhandlungen, Reihe A, Band 27, München 1995

KOENIGSWALD, Wighart von: Lebendige Eiszeit, Stuttgart 2002

KOENIGSWALD, Wighart von / MÜLLER-BECK, Hansjürgen / PRESSMAR, Emma: Die Archäologie und Paläontologie in den Weinberghöhlen bei Mauern (Bayern). Grabungen 1937–1967, Tübingen 1974

KOENIGSWALD, Wighart von / SCHMITT, Erich: Eine pathologisch veränderte Löwentibia aus dem Jungpleistozän der nördlichen Oberrheinebene. Natur und Museum 117, S. 272–

277, Frankfurt am Main 1987

KOLFSCHOTEN, Thijs van: The Eemian mammal fauna of central Europe. Geologie en Mijnbouw / Netherlands Journal of Geosciences 79 (2/3), S, 269–281, Utrecht 2000

LANSER, Klaus-Peter: Die Krefelder Terrasse und ihr Liegendes im Bereich Krefeld. Inaugural-Dissertation zur Erlangung des Doktorgrades der Mathematisch-Naturwissenschaftlichen Fakultät der Universität zu Köln, Köln 1983

LANSER, Klaus-Peter: Ausgrabungen in alten Kisten – Die Knochenfunde aus der Balver Höhle. Begleitbuch zur Ausstellung Von Anfang an. Archäologie in Nordrhein-Westfalen. Römisch-Germanisches Museum der Stadt Köln, S. 314–317, Köln 2005

LEIDY, Joseph: Transactions of the American Philosophical Society, NS, 10, Philadelphia 1853

LIEBE, Karl Theodor: Die Lindenthaler Hyänenhöhle und andere diluviale Knochenfunde in Ostthüringen. Archiv für Anthropologie, 9, Braunschweig 1876

MANIA, Dietrich: Auf den Spuren des Urmenschen. Die Funde auf der Steinrinne bei Bilzingsleben, Berlin-Stuttgart 1990

NAGEL, Doris: *Panthera pardus* und *Panthera spelaea* (Felidae) aus der Höhle von Merkenstein/Niederösterreich. Wissenschaftliche Mitteilungen des Niederösterreichischen Landesmuseums, 10, S. 215–224, St. Pölten

NAPIERALA, Hannes: Die Tierknochen aus dem Kesslerloch. Neubearbeitung der paläolithischen Fauna. Beiträge zur Schaffhauser Archäologie 2, Schaffhausen 2008

NIELBOCK, Ralf: Faunen des Eiszeitalters. Funde und Grabungen in Schlotten und Höhlen des Südharzes, Hannover 1998

PROBST, Ernst: Deutschland in der Urzeit, München 1986

PROBST, Ernst: Wie die Löwen die Welt eroberten. Aus: PREUSS, Karl-Heinz / SIMEN, Rolf H.; Geschichten, die die Forschung schreibt, Band 9, 60 Reisen durch die Wissenschaft, S. 71–73, Bonn 1990

PROBST, Ernst: Deutschland in der Steinzeit, München 1991

134

PROBST, Ernst: Rekorde der Urzeit, München 2008
PROBST, Ernst: Rekorde der Urmenschen, München 2008
PROBST, Ernst: Höhlenlöwen. Raubkatzen im Eiszeitalter, München 2009
PROBST; Ernst: Säbelzahnkatzen, Von Machairodus bis zu Smilodon, München 2009
PROBST, Ernst: Deutschland im Eiszeitalter, München 2010
PROBST, Ernst: Der Mosbacher Löwe. Die riesige Raubkatze aus Wiesbaden, München 2010
RABEDER, Gernot: Die Höhlenbären von Conturines, Bozen 1991
RABEDER, Gernot / FRISCHAUF, Christine / WITHALM, Gerhard: Die Conturineshöhle und der Ladinische Bär. Bad Vöslau 2006
RATHGEBER, Thomas: Die quartären Säugetier-Faunen der Bären- und Karlshöhle bei Erpfingen im Überblick. Laichinger Höhlenfreund, Jg. 38, Nr. 2, S. 107–144, Laichingen 2003
RATHGEBER, Thomas: Die quartäre Tierwelt der Höhlen um Veringenstadt (Schwäbische Alb). Laichinger Höhlenfreund, Jg. 39, Nr. 1, S, 207–228, Laichingen 2004
RATHGEBER, Thomas / LEHMKUHL, Achim: Sibyllenhöhle auf der Teck / Sibyllen cave at the Teck hill. Aus: ROSENDAHL, Wilfried / MORGAN, Mark / LOPEZ CORREA, Matthias: Cave-Bear-Researches/Höhlen-Bären-Forschungen. Abhandlungen zur Karst- und Höhlenkunde, Heft 34, S. 100–106, München 2002
REICHENAU, Wilhelm von: Beiträge zur näheren Kenntnis der Carnivoren aus den Sanden von Mauer und Mosbach. Abhandlungen der Großherzoglichen Hessischen Geologischen Landesanstalt zu Darmstadt, Band IV, Heft 2, S. 189–313, Darmstadt 1906
REINHARDT, Brigitte / WEHRBERGER, Kurt: Der Löwenmensch. Ulmer Museum, Ulm 2005
ROSENDAHL, Wilfried: Höhleninhalte – Spiegelbilder pleistozäner Umweltverhältnisse. Aus: ROSENDAHL, Wilfried

/ HOPPE, Andreas: Angewandte Geowissenschaften in Darmstadt. Schriftenreihe der Deutschen Geologischen Gesellschaft, Heft 15, S. 145–156, Hannover 2002

ROSENDAHL, Wilfried / DARGA, Robert: Klima, Umwelt und Mensch im Oberpleistozän des Chiemgaus – neue Daten und Befunde. Terra Nostra, 6, S. 305–309, Potsdam 2002

ROSENDAHL, Wilfried / DARGA, Robert: *Homo sapiens neanderthalensis* et *Panthera leo spelaea* – du noveau à propos du site de Siegsdorf (Chiemgau), Bavière/Allemagne. Revue du Paléobiologie 23 (2), S. 653–658, Genève 2004

ROSENDAHL, Wilfried / DARGA, Robert: Zur Anwesenheit des mittelpaläolithischen Menschen im südostbayerischen Alpenvorland. Bayerische Vorgeschichts-blätter, 69, München 2004

ROSENDAHL, Wilfried / DARGA, Robert / BURGER, Joachim: Die pleistozäne Großsäugerfauan von Siegsdorf (Süddeutschland) – neue Untersuchungen. Mitt. Komm. Quartärforsch. Österr. Akad. Wiss. 14, S. 153–160, Wien 2005

ROSENDAHL, Wilfried / ROSENDAHL, Gaelle: Die Neandertaler – zum Leben und Wesen der ältesten Chiemgauer. Aus: BINSTEINER, Alexander / DARGA, Robert (Hrsg.): Steinzeit im Chiemgau, S. 31–36, München 2003

SCHLOSSER, Max: Über Höhlen bei Mörnsheim (Mittelfranken) und Ausgrabungen bei Velburg (Oberpfalz). Correspondenz-Blatt der Deutschen Gesellschaft für Anthropologie, Ethnologie und Urgeschichte, 30, Nr. 2, S. 9–14, München 1899

SCHLOSSER, Max / BIRKNER, Ferdinand / OBERMAIER, Hugo: Die Bären- oder Tischofer Höhle im Kaisertal bei Kufstein. Abhandlungen der Mathematisch-Physikalischen Königlich Bayerischen Akademie der Wissenschaften, Band 24, S. 385–506, München 1910

SCHLOSSER, Max: Über neuere Untersuchungen von Höhlen in Bayern. Centralblatt für Mineralogie, Jahrgang 1926, Abt. B, S. 361–365, Stuttgart 1926

SCHMIDT, Robert Rudolf / KOKEN, Ernst / SCHLIZ, Alfred:

136

Die diluviale Vorzeit Deutschland, Stuttgart 1912

SCHÜTT, Gerda: Untersuchungen am Gebiß von *Panthera leo fossilis* (V. Reichenau 1906) und *Panthera leo spelaea* (Goldfuss 1810). Ein Beitrag zur Systematik der pleistozänen Großkatzen Europas. Neues Jahrbuch für Geologie und Paläontologie, Abhandlungen 134, S. 192–220, Stuttgart 1969

SCHÜTT, Gerda: Die jungpleistozäne Fauna der Höhlen bei Rübeland im Harz. Quartär, 20, S. 79–125, Bonn 1969

SCHÜTT, Gerda / HEMMER, Helmut: Zur Evolution des Löwen (*Panthera leo* L.) im europäischen Pleistozän. Neues Jahrbuch für Geologie und Paläontologie, Monatshefte 4, S. 228–255, Stuttgart 1978

SIEGFRIED, Paul: Pleistozäne Säugetiere in westfälischen Höhlen. Jahreshefte für Karst- und Höhlenkunde, 2, S. 177–191, München 1961

SIEGFRIED, Paul: Die eiszeitliche Tierwelt nach Funden in Warsteiner Höhlen. Aufschluß, Sonderband, 29, S. 193–204, Heidelberg 1979

SIEGFRIED, Paul: Fossilien Westfalens. Eiszeitliche Säugetiere. Eine Osteologie pleistozäner Großsäuger. Münstersche Forschungen zur Geologie und Paläontologie. 60, S. 1–163, Münster 1983

STEINER, Ute / STEINER, Walter: Ergebnisse der Grabungen 1962 in den quartären Sedimenten und Bemerkungen zur Genese der Rübelander Höhlen/Harz. Jahresschrift für mitteldeutsche Vorgeschichte, 53, S. 103–140, Halle/Saale 1969

STEINER, Walter: Der Travertin von Ehringsdorf und seine Fossilien, Wittenberg 1981

THIEME, Hartmut: Freden (Leine). Jungpaläolithische Station. Aus: HÄSSLER, Hans-Jürgen: Ur- und Frühgeschichte in Niedersachen, S. 423, Stuttgart 1991

THIEME, Hartmut: Freden (Leine). Herzberg am Harz, Scharzfeld. Aus: HÄSSLER, Hans-Jürgen: Ur- und Frühgeschichte in Niedersachen, S. 446–450, Stuttgart 1991

TURNER, Alan / ANTON, Mauricio: The Big Cats and their

fossil relatives. New York 1997

VERBAND DER DEUTSCHEN HÖHLEN- UND KARST-FORSCHER (Hrsg.): Die Moggaster Höhle – Eine der bedeutendsten Höhlen der Fränkischen Schweiz. Karst und Höhle 1998/1999, S. 104, München 2000

VERESHCHAGIN, Nikolai K.: Le lion des cavernes: *Panthera (Leo) spelaea* Goldfuß et son histoire dans l'Holartique. Aus: Études sur le Quaternaire dans le monde. VIII Congrés INQUA, 1, S. 463–464, Paris 1969

WAGNER, Adolf: Neue paläontologische Höhlenfunde aus der Frankenalb. Mitteilungsblatt der Abteilung für Karst- und Höhlenkunde der Naturhistorischen Gesellschaft Nürnberg, 13. Jahrgang 1980, Heft 1/2, S. 6–13, Nürnberg 1980

WAGNER, Eberhard: Eine Löwenkopfplastik aus Elfenbein von der Vogelherdhöhle. Fundberichte aus Baden-Württemberg, S. 29–58, Stuttgart 1981

WEHRBERGER, Kurt: Raubkatzen in der Kunst des Jungpaläolithikums. Aus: Der Löwenmensch, S. 53–76, Sigmaringen 1994

WEHRBERGER, Kurt / REINHARDT, Brigitte: Der Löwenmensch: Geschichte – Magie – Mythos, Ulm 2005

WENZEL, Stefan: Die Funde aus dem Travertin von Stuttgart-Untertürkheim und die Archäologie der letzten Warmzeit in Mitteleuropa. Universitätsforschungen zur prähistorischen Archäologie, Band 52, S. 1–272, Bonn 1998

WIKIPEDIA Freie Enzyklopädie http://wikipedia.org

ZIEGLER, Reinhold: Löwen aus dem Eiszeitalter Süddeutschlands. Aus: Der Löwenmensch, Tier und Mensch in der Kunst der Eiszeit, S. 46–52, Sigmaringen 1994

ZITTEL, Karl Alfred: Die Räuberhöhle am Schelmengraben, eine prähistorische Höhlenwohnung in der bayerischen Oberpfalz. Sitzberichte der Mathematisch-Physikalischen Classe der Königlich-Bayerischen Akademie der Wissenschaften, 2, Heft 1, München 1872

Bildquellen

Archiv Friedrich-Schiller-Universität Jena: 64
Archiv Natuurhistorisch Museum Rotterdam: 40 unten
Petra Berns, Bad Honnef: 30
Rene Bleuanus, Gorinchem, Niederlande: 26 unten
Dr. Cajus G. Diedrich, PalaeoLogic, Halle/Westfalen: 16, 20, 90
Foto: P. Frankenstein / H. Zwietasch: Landesmuseum Württemberg, Stuttgart: 7 unten, 52
André Glory, Paris: 56
Heinrich Harder (1858–1935), Gemälde zur Illustration von 30 Sammelkarten mit dem Titel „Tiere der Urwelt" um 1920: 7 Mitte, 40 oben
Suzanne Hein-Hoffmann, Frankfurt am Main: 24
Hessisches Landesmuseum Darmstadt: 38 oben
Dr. Brigitte Hilpert, Geozentrum Nordbayern, Fachgruppe PaläoUmwelt, Erlangen: 8 oben, 18 oben, 18 unten, 32, 83
Museum Wiesbaden: 88, 89
Naturhistorisches Museum Mainz / Landessammlung für Naturkunde Rheinland-Pfalz: 84
Quadrat Bottrop, Museum für Ur- und Ortsgeschichte (Foto: Hagen Schulz-Hanke): 7 oben, 12, 36 oben, 36 unten
Kevin Pluck (yaaaay), London / CC-BY2.0:123 (via Wikimedia Commons), lizensiert unter CreativeCommons-Lizenz by-2.0.de
http://creativecommons.org/licenses/by/2.0/legalcode
Ernst Probst, Mainz-Kostheim: 105, (Foto: Klaus Benz, Mainz-Laubenheim): 8 unten, 124, (Foto: Roman Größer, Darmstadt): 38
o. Univ.Professor Dr. Gernot Rabeder, Institut für Paläontologie Universität Wien (Foto: Rudolf Gold): 22

Bücher von Ernst Probst

Affenmenschen
Von Bigfoot bis zum Yeti

Archaeopteryx
Der Urvogel aus Bayern

Dinosaurier in Deutschland
Von Compsognathus bis zu Stenopelix

Dinosaurier in Baden-Württemberg
Von Efraasia bis zu Sellosaurus

Dinosaurier in Niedersachsen
Von Elephantopoides bis zu Stenopelix

Dinosaurier von A bis K
Von Abelisaurus bis zu Kritosaurus

Dinosaurier von L bis Z
Von Labocania bis zu Zupaysaurus

Der Ur-Rhein
Rheinhessen vor zehn Millionen Jahren

Als Mainz noch nicht am Rhein lag

Der Rhein-Elefant
Das Schreckenstier von Eppelsheim

Taschenbuchreihe über die Bronzezeit:

Die Bronzezeit
Die Aunjetitzer Kultur in Deutschland
Die Straubinger Kultur in Deutschland
Die Adlerberg-Kultur
Die nordische Bronzezeit in Deutschland
Die Hügelgräber-Kultur in Deutschland
Die Lüneburger Gruppe in der Bronzezeit
Die Stader Gruppe in der Bronzezeit
Die Urnenfelder-Kultur in Deutschland
Die Lausitzer Kultur in Deutschland

Taschenbuchreihe über Superfrauen:

Superfrauen 1 – Geschichte
Superfrauen 2 – Religion
Superfrauen 3 – Politik
Superfrauen 4 – Wirtschaft und Verkehr
Superfrauen 5 – Wissenschaft
Superfrauen 6 – Medizin
Superfrauen 7 – Film und Theater
Superfrauen 8 – Literatur
Superfrauen 9 – Malerei und Fotografie
Superfrauen 10 – Musik und Tanz
Superfrauen 11 – Feminismus und Familie
Superfrauen 12 – Sport
Superfrauen 13 – Mode und Kosmetik
Superfrauen 14 – Medien und Astrologie
Superfrauen aus dem Wilden Westen

Taschenbücher über berühmter Fliegerinnen:

Drei Königinnen der Lüfte in Bayern
(zusammen mit Josef Eimannsberger)
Königinnen der Lüfte von A bis Z
Königinnen der Lüfte in Deutschland
Königinnen der Lüfte in Frankreich
Königinnen der Lüfte in England,
Australien und Neuseeland
Königinnen der Lüfte in Europa
Königinnen der Lüfte in Amerika
Christl-Marie Schultes. Die erste Fliegerin in Bayern
(zusammen mit Theo Lederer)

Königinnen des Tanzes

Julchen Blasius
Die Räuberbraut des Schinderhannes

Machbuba
Die Sklavin und der Fürst

Der Schwarze Peter
Ein Räuber im Hunsrück und Odenwald

Der Ball ist ein Sauhund
Weisheiten und Torheiten über Fußball
(zusammen mit Doris Probst)

Worte sind wie Waffen
Weisheiten und Torheiten über die Medien
(zusammen mit Doris Probst)

Bestellungen bei: www.grin.com